猴头菇子实体

袋栽猴头菇

层架式立体栽培出菇情况

刚采收的猴头菇子实体

猴头菇鲜菇小包装

拌　料

装　袋

不打孔的料袋

打孔并贴胶布的料袋

灭　菌

层架式立体栽培菇棚

层架式立体栽培

畦式栽培菇棚

畦式栽培

经暴晒的猴头菇子实体

猴头菇脱水加工

猴头菇干菇

猴头菇干品小包装

盐渍猴头菇

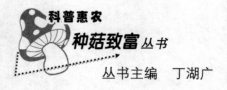

科普惠农

种菇致富丛书

丛书主编　丁湖广

猴头菇无公害栽培实用新技术

张维瑞　编著

中国农业出版社

内容提要

　　本书介绍了当前我国最为实用的猴头菇无公害栽培新技术，内容包括：猴头菇的概况，猴头菇的生物学特性，猴头菇菌种无公害生产工艺，猴头菇无公害袋栽高产新技术（栽培季节、常用品种、栽培场地与菇棚建造、常用的栽培原料及投入品安全要求、菌袋制作技术规程、菌袋排场、子实体生长发育管理技术），猴头菇无公害病虫害防治，以及猴头菇无公害采收加工及产品标准6个方面。本书文字通俗易懂，技术先进实用，可操作性强。适合广大菇农及科技人员阅读，对农林院校师生也有参考价值，还可作为职业中专技能培训教材。

[编委会]

主　编：丁湖广

副主编：谢宝贵　吕作舟　丛明日

编　委：（按姓氏笔画排序）

丁宁宁	丁荣峰	丁荣辉	丁湖广
丁靖靖	于　田	于清伟	王月娥
王凤春	王志军	王卓仁	王明才
王绍余	王剑寒	王德林	方金山
邓优锦	丛明日	丛朝日	包水明
吕作舟	吕智鹏	朱　坚	刘永宝
刘永昶	刘　卿	安秀荣	杜树旺
李　晓	邹积华	邹雪玉	张绪璋
张维瑞	陈国平	陈夏娇	林衍铨
罗信昌	赵竹青	赵国强	钟冬季
钟秀媚	黄日明	黄　贺	喻初权
谢宝贵	赖志斌		

主　审：罗信昌

[出版说明]

近年来我国食用菌产业发展较快，生产品种、产品数量及出口量均居世界首位。尤其加入世贸组织之后，给食用菌产品走向世界带来了更多机遇。然而，随着时间的推移，各国先后出台名目繁多非关税的技术壁垒、绿色壁垒、环保壁垒等，给中国菇品出口带来了新的阻碍。在国内，随着经济发展和社会进步，以及《农产品质量安全法》的实施，消费者安全意识日益增强，"吃放心菇"成了人心所向，实行产品市场准入制度，也是大势所趋。

然而目前我国农村现有食用菌生产大多是一家一户，设备简陋，管理粗放，产品质量很难达到新形势发展的要求，这直接影响了产业的升级，也影响了农民种菇效益。究其原因主要是农民科学素养和生产技术满足不了现代食用菌生产的要求。党的十七大把提高全民科学素养作为建设社会主义新农村，加速全面实现小康社会的一个重要内容来抓。《科普惠农种菇致富丛书》实际是围绕着提高全民科学素养这个目标，通过丛书传播普及种菇新技术，提高农民种菇技术水平；具体实施《农产品质量安全法》有关规定，把无公害生产落实到每个品种的各个技术环节中，促使产品质量进一步得到提高，使农民种菇获得更好的经济效益。这是丛书出版的目的和意义。

我们相信这套丛书问世后，将推动我国食用菌产业的可持续发展，促进我国食用菌产业进一步升级，不断把食用菌产业做大做强！

2016 年 4 月

[序]

　　菇菌的开发利用，在我国有着悠久的历史，据早期文献记载，在公元 1 世纪就开始采用原始的方法种植菇菌，从此开创了人类种菇的历史。目前世界性商业化栽培的 10 多种主要菇菌，绝大部分起源于我国。改革开放以来，在党的利好政策鼓励下，菇菌生产蓬勃发展，许多农民靠栽培食用菌实现脱贫致富，走上了小康之路。"菇菌好比摇钱树，种了菇菌能致富"成为许多农民的一句口头禅。菇菌种植业成为农村经济建设支柱产业的新亮点。从 20 世纪 70 年代就致力于研究和开发菇菌的古田县，目前菇菌收入已占农民总收入的 1/3，被称之"一朵菇铺就了 43 万人民的致富路"。菇菌的发展不仅推进农业结构战略性调整，转变农业增长方式，提高农业综合生产能力和增值能力；而且丰富了人民食品结构的升级。如今，菇菌已成了亿万民众餐桌上不可或缺的一道家常菜。市场消费的上升，促进了食用菌产业向纵深发展。目前，我国已成为世界上最大的菇菌生产国和出口国，在国际菇菌市场上占有举足轻重的地位。

随着经济的全球化和人民群众对市场食品的新需求，菇菌业也要做大做强。温家宝总理在 2008 年的《政府工作报告》中强调："加强发展高产优质高效生态安全农业，支持农业产业化经营和龙头企业发展"，这为菇菌业发展指明了方向。为了进一步发展菇菌业，普及无公害栽培实用新技术。根据中国科协、财政部"关于实施科普惠农兴村计划"的精神，福建省科普作家协会组编，与省内外 45 名专家联手编写了这套《科普惠农种菇致富丛书》，共 19 册，每册 6 万～8 万字。丛书系统地介绍了目前进入商业性生产的 22 种菇菌无公害栽培实用新技术。丛书融理论性、实践性于一体，吸纳新近研究和开发成果，重在普及实用技术，通俗易懂，可操作性强，适合广大农民和各级农村工作者阅读。

在丛书编写过程中各位编委满腔热情，主编丁湖广同志植根于中国食用菌之都——古田县，从事食用菌生产研究和科学技术普及工作 40 余载，对菇菌栽培有着很好的理论功底和丰富的实践经验，积极召集，统筹策划；各分册作者无私奉献，将第一线的技术创新与积累精心编写；华中农业大学罗信昌、吕作舟教授，福建农林大学谢宝贵教授，山东烟台牟平区农技推广中心丛明日研究员等呕心沥血，对丛书认真修改、严格把关，使编写任务如期完成。相信这套丛书的出版，将有助于普及种菇新技

术，对发展高产优质高效生态安全农业
起到积极推动作用，也是为社会主义新
农村建设做了一件十分有意义的事情！

福建省科普作家协会理事长　林思翔

2016 年 2 月

[前 言]

　　猴头菇是一种珍贵的食、药兼用菌，宜药、宜膳，长期以来深受人们的喜爱。近年来，在我国部分地区有了较大规模的生产栽培，栽培技术也在不断地提高，栽培的模式从最早的瓶栽发展到袋栽，栽培使用的原料也从单一的木屑发展到棉籽壳、甘蔗渣等农作物下脚料，产品的加工方式也发展为干制、保鲜、盐渍、制药、制罐、加工成保健品等。尤其是猴头菇的袋栽技术经过多年的推广应用，已日臻成熟。同时，在袋栽的模式上根据不同地区的气候特点、菇农栽培习惯，发展形成了层架式栽培、畦式栽培和野外露地栽培 3 种模式。实践证明，袋栽猴头菇具有生产成本低、操作方便、栽培周期短、产量高、质量优、经济效益好等特点，受到广大菇农的欢迎，发展袋栽猴头菇生产市场前景看好。

　　随着我国经济的发展和人民生活水

平的提高，消费者对食用菌的质量要求越来越高，不仅要求产品高质量的营养与风味，而且对产品的安全也提出了高质量的要求。为满足市场对猴头菇产品的需求，更大范围普及猴头菇的无公害栽培技术，加大猴头菇栽培实用技术的推广及应用力度，编者从猴头菇无公害栽培的角度，总结生产经验，参考国内外猴头菇生产的最新成果，编写了《猴头菇无公害栽培实用新技术》一书。书中介绍了猴头菇的概况、猴头菇的生物学特性和当前我国最为实用的猴头菇无公害袋栽新技术，其中对无公害猴头菇袋栽中的菌种生产、栽培季节、栽培品种、栽培场地选择、菇棚搭建、菌袋排场方法、出菇管理技术、病虫害防治、产品的采收加工与产品标准等方面进行了详细的阐述。

　　本书在编写过程中，得到许多专家和同行的热情帮助以及有关领导的大力支持，在此一并致谢。由于编者水平有限，错误和不当之处在所难免，敬请广大读者批评指正。

编著者

2016 年 4 月

[目 录]

出版说明

序

前言

一、猴头菇的概况 …………………………………………… 1

（一）经济价值 ………………………………………… 1

（二）产业现状 ………………………………………… 3

（三）市场前景 ………………………………………… 4

二、猴头菇的生物学特征 ………………………………… 5

（一）形态特征 ………………………………………… 5

（二）生活史 …………………………………………… 6

（三）生态习性 ………………………………………… 8

（四）生长发育所需的营养条件 ……………………… 8

（五）生长发育所需的环境条件 ……………………… 11

三、猴头菇菌种无公害生产工艺 ………………………… 15

（一）菌种的分级 ……………………………………… 15

（二）菌种生产的工艺流程 …………………………… 16

（三）菌种生产的场地要求 …………………………… 17

（四）菌种生产的设施 ………………………………… 18

（五）母种的分离和制作技术 ………………………… 23

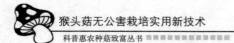

（六）原种与栽培种制作工艺 ·········· 29

（七）菌种保藏技术 ················ 36

四、猴头菇无公害袋栽高产新技术 ········ 39

（一）栽培季节 ················· 40

（二）常用品种 ················· 41

（三）栽培场地与菇棚建造 ··········· 42

（四）常用的栽培原料及投入品安全要求 ····· 47

（五）菌袋制作技术规程 ············· 50

（六）菌袋排场 ················· 63

（七）子实体生长发育管理技术 ········· 65

五、猴头菇无公害病虫害防治 ·········· 70

（一）袋栽发菌期、制种期病害及防治 ····· 70

（二）子实体病害及防治 ············ 74

（三）虫害及防治 ··············· 77

（四）病虫害综合防治措施 ··········· 80

六、猴头菇无公害采收加工及产品标准 ····· 82

（一）采收 ··················· 82

（二）加工技术 ················· 83

（三）产品标准 ················· 86

（四）烹调菜谱 ················· 88

主要参考文献 ················· 93

一、猴头菇的概况

猴头菇〔*Hericium erinaceus*（Bull. ex Fr.）Pers.〕属非褶菌目猴头菌科猴头菌属。猴头菇既是一种珍贵的食用菌，又是能预防或辅助治疗多种疾病的药用菌，宜药、宜膳。自古以来就有"山珍猴头"之称，长期以来深受人们的喜爱。明、清时代，猴头菇还被列为贡品。

（一）经济价值

1. 营养价值　猴头菇子实体肉质柔软，鲜嫩味美，口感极佳。其营养价值很高，含有丰富的蛋白质、糖类、矿质元素和维生素。据北京市食品研究所测定，每 100 克干猴头菇中含有蛋白质 26.3 克、脂肪 4.2 克、糖类 44.9 克、粗纤维 6.4 克、灰分 8.2 克；各类矿质元素含量为钙 2 毫克、磷 856 毫克、铁 18 毫克；含有胡萝卜素 0.01 毫克、硫胺素 0.69 毫克、核黄素 1.86 毫克、烟酸 16.2 毫克；所含热量为 323 焦耳。根据测定可以看出，猴头菇含有的脂肪、磷、硫胺素等与目前人工栽培的各类食用菌品种相比，均居首位。猴头菇子实体含有的氨基酸种类齐全，含量丰富。据郝涤非（2011）测定，猴头菇子实体含有 18 种氨基酸，其中 8 种为人体必需的氨基酸，即异亮氨酸、亮氨酸、赖氨酸、苯丙氨酸、苏氨酸、缬氨酸、色氨酸、甲硫氨酸，猴头菇子实体干品的氨基酸总含量为 5.87%，其中 8 种必需氨基酸含量为 2.22%，各种氨基酸的含量见表1。猴头菇含特有的鲜味是其蛋白质中含有呈鲜味的谷氨酸的缘故，且含量丰富，达1.07%。

表1 猴头菇子实体干品中氨基酸含量

氨基酸种类	含量（%）	氨基酸种类	含量（%）
必需氨基酸	2.22	一般氨基酸	3.65
异亮氨酸	0.20	丙氨酸	0.35
亮氨酸	0.40	精氨酸	0.33
赖氨酸	0.36	天门冬氨酸	0.60
甲硫氨酸	0.18	酪氨酸	0.18
苯丙氨酸	0.38	谷氨酸	1.07
苏氨酸	0.28	甘氨酸	0.30
缬氨酸	0.36	组氨酸	0.13
色氨酸	0.06	脯氨酸	0.24
		丝氨酸	0.29
		胱氨酸	0.16

从上述可以看出，猴头菇是一种高蛋白、低脂肪的食品，经常食用有益健康。食用猴头菇必须注意采摘标准和讲究加工方法。如果采摘不及时，子实体就会有苦味。猴头菇的苦味来自孢子和菌柄两个部位，所以食用猴头菇时要求头大、菌柄短、菌刺短、孢子少。这就要求在子实体的生长期控制好温度和湿度，在孢子快要散发时及时采收，采收后要及时采取保鲜、脱水、盐渍等方式进行加工，防止菇体后熟而产生大量的孢子。

为了去除猴头菇的苦味，干品在烹调前，要先将其浸于水中，然后挤干水，反复数次，再进行烹调。猴头菇单独煮食时味很淡，所以需和其他味鲜的食料配合调制，如与鸡、鸭、猪排等一起炒、煮，味道特别鲜美。

2. 药用价值 在古书中曾记载猴头菇有"利五脏，助消化"

的功能。近年来，经过医学研究和临床试验，进一步验证猴头菇确为一种治疗消化道疾病的良药，具有治疗十二指肠溃疡、胃窦炎、慢性胃炎、胃闷胀、胃痛等多种疾病的功能。

（1）对胃肠溃疡及胃炎的作用 研究表明，猴头菇所含有的氨基酸能促使胃肠溃疡愈合、胃黏膜上皮再生和修复，并有滋补强壮的功效。

（2）对肿瘤的作用 据杨云鹏（1980）报道，用猴头菇浸膏片，江苏试治了 111 例胃肠道中晚期癌症患者，经观察，部分肿瘤病人细胞免疫功能提高，食欲增加，病痛缓解，肿块缩小，存活时间延长。

（3）对血液循环的作用 猴头菇制剂有明显加速动物血液循环、增加冠状动脉血液流动、改善机体微循环的作用。

（4）对耐缺氧量能力的作用 猴头菇制剂能提高小鼠耐缺氧能力。用体重 18～22 克的小鼠进行试验，将猴头菇菌丝提取液注入其腹腔内，1 小时后将注射过的小鼠和未注射的对照小鼠一同放入碱性石灰水中。注射猴头菇菌丝提取液的小鼠的存活时间比对照小鼠明显延长，耐缺氧能力明显提高。

（二）产业现状

猴头菇的人工栽培历史不长，仅 40 多年，1960 年才驯化成功。在人工栽培之前均靠从深山老林中采摘子实体，由于数量极少，所以十分珍贵。自 1960 年猴头菇纯菌种分离驯化成功，特别是 1980 年以来，随着高产优质菌种（菌株）的不断选育成功、栽培原料的不断发现更新、栽培技术的不断改进优化，加上改革开放以来的富民政策，激发了广大菇农生产猴头菇的积极性，我国猴头菇的生产得到较快的发展，其中栽培规模较大的地区有福建、山东、浙江、上海、江苏、山西、吉林等。猴头菇产品从原来单一的干品、鲜品加工销售，发展到鲜品、药品、保健品 3 种类型的加工销售。鲜猴头菇产品可通过冷藏保鲜直接销售，也可通过机械脱水制成干品，通过盐渍制成盐水菇或是制成罐头，通过深度加工制成各种产品如猴头菇饼干等，销往全国各地的市场；保健品加工，主要是加工成猴头菇饮料、猴头菇蜜饯、猴头菇酒，还有猴头菇露、猴头菇冲剂和猴头菇保健胶囊等；药用品加工，主要是猴头菇片。

猴头菇生产近 20 年来虽然得到了较快的发展，但相比香菇、草菇、平菇、金针菇、滑菇、银耳、黑木耳、毛木耳等食用菌，猴头菇的发展速度显得较慢。其原因主要是销售问题，而销售不畅的关键，是对其营养价值、药用价值和烹调技术宣传得不够。广大消费者一是不懂猴头菇的营养价值和药用价值，二是不会吃猴头菇。消费者偶尔吃 1～2 次，由于不善于烹调，食之无味，所以也就不再吃了。因此，积极宣传猴头菇的营养价值、保健作用、药用效果、烹调技术，是今后发展猴头菇不可忽视的重要环节。

（三）市场前景

猴头菇具有丰富的营养，富含 18 种氨基酸和人体所需的维生素、矿质元素等成分，是一种高蛋白、低脂肪的食品，具有较好的食用、药用和保健价值。随着我国人民生活水平的提高，对猴头菇的营养、药用和保健价值认识的逐步提高，干、鲜产品烹调技术和加工技术的进一步推广普及，以及猴头菇药用品制剂、保健产品等系列产品的不断开发，猴头菇的销售市场将会更加活跃。如近年来的猴头菇饼干产品的市场开发，促进了猴头菇的生产与销售。同时，猴头菇栽培属于种植业中的"短、平、快"项目，栽培原料来源广泛，生产成本低，可利用众多农作物的下脚料，是当前发展循环经济、可持续农业的好项目，而且产品加工形式多样，可以满足不同消费者的需求。因此，猴头菇生产具有广阔的市场前景。

二、猴头菇的生物学特征

（一）形态特征

1. 菌丝体 菌丝体是由许多条菌丝积集在一起构成的，是猴头菇的营养器官，其重要功能是吸收营养。菌丝由猴头菇孢子萌发而来，孢子萌发时，先在一端伸出芽管，芽管不断发生分枝和延长，即形成菌丝。菌丝由一个挨一个的管状细胞组成，直径10～20微米，壁薄，有横隔和分枝，也有锁状联合。菌丝在马铃薯葡萄糖琼脂培养基（PDA 培养基）上匍匐，线粒状、白色，培养基内菌丝发达。但其在不同培养基上会出现不同形态，例如，在含氮量较高的培养基上培养时，菌丝就变得细密而白，并稍有气生菌丝。

2. 子实体 子实体是猴头菇的繁殖器官，人工栽培的目的就是获得子实体。猴头菇子实体的形态与其他食用菌大不相同，近球形、白色块状、肉质、柔软，有清香味，基部狭窄、上部膨大，密生着的菌刺覆盖整个子实体，子实体直径一般5～20厘米，野生条件下也有更大的。菌刺长短与环境条件有关，一般长1～3厘米，粗1～2毫米，呈长圆柱形，端部尖或略带弯曲。子实体内部由许多粗短分枝组成，但分枝极度肥厚而短缩，互相融合，呈花椰菜状，中间有小孔隙，全体成一大肉块。子实体新鲜时白色，干后变浅黄色至浅褐色，形状像猴子的头，颜色像猴子的毛色，故名猴头菇。

3. 孢子 孢子是猴头菇的有性繁殖体，好比农作物的种子，猴头菇的孢子着生在菌刺表面子实层的担子上，称为担孢子。子实体成熟后，会从针状菌刺的子实层上散出几亿到几十亿个担孢子。如将一个成熟的猴头菇菌刺朝下，放在黑纸上，温度和湿度条件适合，只要几个小时，黑纸上便会出现一个由孢子组成、与猴头菇投影相似的图形，这个图形称为孢子印。孢子印白色，孢子在显微镜下透明无色，球形，直径 4～6 微米。

（二）生 活 史

猴头菇的生活史与其他担子菌相似，需要经过担孢子→一次菌丝→二次菌丝→三次菌丝→担孢子等几个连续的发育阶段。

猴头菇的担孢子为单核，单倍体，有性的区别。担孢子在适宜的条件下萌发长出单核单倍体菌丝，称为一次菌丝。

一次菌丝在培养基斜面上生长得细而稀，在整个生活史中，存在的时间很短。不同性的两条一次菌丝接触，两个细胞就会相互融合成双核菌丝，即二次菌丝。

二次菌丝粗壮，生命力强，具有分裂和生长的能力。在生理上起养分和水分的吸收、运输以及转化的作用。所以二次菌丝又称为营养菌丝。二次菌丝在猴头菇生活史中存在的时间最长。它在基质中生长一定时间后，就达到生理成熟，遇到适宜条件即在基质表面扭结成团，形成子实体原基，然后长大成子实体。子实体中组织化了的菌丝，称为三次菌丝。

三次菌丝呈假组织状，没有吸收水分和养分的功能，生理上与二次菌丝有所不同。随着子实体的长大，在其上长出菌刺，在菌刺上形成子实层，并长出担子。

担子是由双核菌丝的顶端细胞发育而成的。先是原担子细胞内的两个细胞核融合成为一个二倍体的核（称为合子），即进行核配。合子进行一次减数分裂，形成 2 个单倍体的核，然后这两个核再分别进行一次有丝分裂，即形成 4 个单倍体的细胞核进入担子小梗的尖端，形成担孢子。二次菌丝在干燥、高温等不良环境条件下，细胞中的养分会集中转移到 1 个细胞中，使这个细胞变得特别巨大，贮藏的养分特别多，壁厚，呈休眠状态，能抗高温、干燥等不良环境。这种细胞称为厚垣孢子。厚垣孢子两端的营养细胞全部收缩死亡。在适宜条件下，厚垣孢子又会萌发出菌丝，继续进行生长繁殖。猴头菇生活史见图 1。

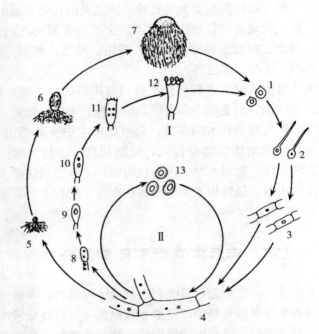

图 1　猴头菇生活史示意图（引自李志超，2004）

Ⅰ. 有性循环　Ⅱ. 无性循环

1. 担孢子　2. 担孢子萌发　3. 单核菌丝　4. 双核菌丝　5. 子实体原基　6. 菌蕾
7. 成熟子实体　8. 双核菌丝顶端细胞　9. 合子　10. 第一次细胞分裂
11. 第二次细胞分裂　12. 担孢子形成　13. 厚垣孢子

（三）生态习性

猴头菇是木腐生菌。但它常从活树上已死部位如死节、心材上长出来，被误认为是寄生菌。在自然条件下，猴头菇多生长在深山老林中许多阔叶树的腐木或立木的受伤处，少生于倒木上。野生子实体多在秋季发生。

在自然界猴头菇分布广泛，在我国几乎遍布各省、自治区、直辖市。主要分布区为东北大兴安岭、西北天山和阿尔泰山，西南横断山脉，西藏喜马拉雅山等林区。主产区有黑龙江、吉林、内蒙古、河北、山西、甘肃、陕西、四川、湖北、湖南、广西、云南、西藏、浙江、福建等。

猴头菇腐生的树木多数是壳斗科和胡桃科的，主要有麻栎、栓皮栎、青冈栎、山毛榉、高山栎、蒙古栎、米槠、柿树、橡树和胡桃等。猴头菇是林木的害菌，会致使树木中央腐朽而死亡。它一般是从树木的伤口部分侵入，侵染初期，心材发暗，呈棕色，后逐渐变浅。最后木材变成白色海绵状，并出现许多充满黄色菌丝体的小洞，最终树木中空，而后在树干的较上部形成一对或单个猴头菇的子实体。

（四）生长发育所需的营养条件

猴头菇是一种腐生菌，只能利用现成的有机物，靠菌丝体分泌的不同酶系分解培养料中纤维素和有机氮等，将高分子的物质转变成小分子的糖、可利用的蛋白质、肽、氨基酸，从而将其吸收。野生的猴头菇腐生在死亡的阔叶树上，人工栽培的猴头菇以富含纤维素、氮素等的物质为原料，这些原料为猴头菇生长提供充足的营养，从而使猴头菇生产获得较高的产量。当营养供给不足或供给不平衡时，就会不同程度地影响菌丝体的生长和子实体的形成与发育，导致产量的下降。猴头菇生长发育所需要的营养条件主要包括碳源、氮源、无机盐和维生素等。

1. 碳源　凡是可以构成细胞和代谢产物中碳素来源的营养物质均称为碳源。其主要作用是构成细胞物质和供给猴头菇生长发育所需要的能量，是猴头菇重要的营养来源之一。自然界中的碳源可分为无机态碳和有机态碳两类，猴头菇等食用菌均不能利用无机态碳，只能利用有机态碳，如葡萄糖、蔗糖、麦芽糖和有机酸等小分子有机物，以及纤维素、半纤维素、木质素和淀粉等高分子有机物。小分子有机物可直接被猴头菇细胞所吸收利用，而高分子有机物则不能被直接吸收，必须先由菌丝体分泌出相应的水解酶将它们降解为小分子物质后才能被吸收利用，如纤维素、半纤维素和淀粉必须分别通过纤维素酶、半纤维素酶和淀粉酶的降解，成为葡萄糖等单糖后才能被猴头菇菌丝所吸收。前面提到的适于猴头菇生长的麻栎、栓皮栎、青冈栎、山毛榉、高山栎、蒙古栎、米槠、柿树、橡树和胡桃等树种的木屑，是人工培养猴头菇经济而优良的碳源。目前猴头菇的碳源除了阔叶树木屑外，还有棉籽壳、甘蔗渣、酒糟、玉米芯、高粱壳、棉花秆、麦秸、松树木屑等。

2. 氮源　提供氮素来源的营养物质称为氮源。氮素也是猴头菇重要的营养成分之一，也是猴头菇合成蛋白质、核酸和一些维生素所必需的主要原料。猴头菇生长发育所需的氮源可分为有机氮和无机氮两大类。能被猴头菇利用的无机氮主要是硫酸铵、硝酸铵，但利用效果不佳。有机氮主要是尿素、氨基酸、蛋白胨、蛋白质等。猴头菇菌丝可直接吸收氨基酸、尿素等小分子的有机氮，而不能直接吸收蛋白质等高分子有机氮。高分子的蛋白质必须经过菌丝分泌的蛋白酶分解成为氨基酸后才能被菌丝吸收利用。生产上最佳的氮源为米糠和麦皮。培养料中氮源的多少，对猴头菇菌丝体的生长和子实体的发育有很大影响。适宜子实体形成的氮源浓度比适宜菌丝体生长的浓度要低，猴头菇在菌丝体生长阶段的碳氮比（C/N）以 20：1 为好，子实体发育阶段的碳氮比则以（30～40）：1 为宜。

3. 无机盐 无机盐是猴头菇生长发育不可缺少的营养物质，其主要功能是构成细胞成分、作为酶的组成部分以维持酶活性以及调节细胞的渗透压等。尽管其需要量很少，但如果缺少它们，则会使猴头菇的生长发育受阻，影响菌丝生长和猴头菇的产量。按照生长发育需要量的多少，无机盐可分为普通元素和微量元素两类。普通元素有磷、钙、钾、镁、硫等，也是极重要的。没有磷，细胞就不能分裂；没有钙，子实体就难以形成。这些普通元素在培养基中的适宜浓度为 100～500 毫克/升。另外还有一些无机元素，猴头菇菌丝生长发育的需要量甚微，故称为微量元素，如铁、钴、锰、锌、钼等元素，它们在培养基中适宜的浓度一般在 1×10^{-3} 毫克/升左右。一般来说，上述普通元素在培养料中都有一定的含量，基本上能满足猴头菇生长发育的需要，但有时也要根据培养料的不同而适当添加钙、磷、钾、镁等元素，以促进猴头菇菌丝的生长发育。至于微量元素，则在天然培养料和普通用水中都已含有足够的量，除用蒸馏水配制培养基外，一般都不必添加。常用的无机盐有磷酸二氢钾、磷酸氢二钾、硫酸钙、碳酸钙及硫酸镁等。猴头菇菌丝可从这些无机盐中获取磷、钾、钙、镁、硫等无机元素。

4. 维生素 维生素是猴头菇生长发育必不可少而需要量又甚微的一类特殊有机营养物质。维生素既不作为细胞的结构物质，也不作为能源，主要是作为辅酶参与生物体的新陈代谢。猴头菇生长发育所需的维生素主要是维生素 B_1、维生素 B_2、维生素 B_6，其中维生素 B_1（硫胺素）很重要，如果培养基中缺少了它，则菌丝生长缓慢，并抑制子实体的发育，严重缺乏时生长完全停止。它在培养基中的浓度一般 0.01～0.1 毫克/升就足够了。维生素在马铃薯、麦芽汁、酵母提取物、米糠和麦皮等原料中含量较多。因此，用这些材料配制培养基时无需再添加。但要注意，这些维生素多不耐高温，在 120℃ 以上的高温下极易被破坏。所以，在培养基灭菌时，应适当降低温度。

（五）生长发育所需的环境条件

1. 温度　猴头菇是中温型食用菌。其菌丝生长与子实体形成所要求的温度不同，菌丝体生长阶段要求较高的温度，子实体形成阶段要求较低的温度。猴头菇的菌丝体在 6~33℃ 下均能生长，最适生长温度为 25℃ 左右。温度高时，菌丝细弱、稀疏，33℃ 时生长缓慢，超过 35℃ 时生长完全停止。温度低些，菌丝粗壮、浓密、洁白，长势旺，生命力强，低于 6℃ 时菌丝几乎停止生长。

子实体在 6~24℃ 下均可以分化形成，但以 16~20℃ 为最适宜。未经定向选育的菌种，当温度超过 25℃，就不能形成子实体。温度过低时，子实体分化与生长均缓慢，低于 6℃ 时，子实体完全停止生长。温度高低对子实体形态也有影响。温度高时，子实体的菌刺长、球块小、松软，且往往会形成分枝状；温度低时，菌刺短、球块大、紧实；温度低于 12℃ 时，子实体常常呈橘红色。

猴头菇对温度的适应性较易发生变化，当其在甘蔗渣、麦皮培养基上生长时，由于培养基材料疏松、通气性好，菌丝体容易分化形成子实体。如果在这种培养基上多次分离培养，子实体的形成就会越来越快，对温度的适应范围也会越来越广，原来只能在最高温度 22℃ 下形成子实体的亲本，其后代就能在 6~28℃ 范围内形成子实体。

2. 湿度　水是猴头菇菌丝和子实体细胞的重要组成部分，一般鲜猴头菇的含水量达 85% 左右。水是猴头菇新陈代谢、吸收营养不可缺少的基本物质。猴头菇的一切生理活动，包括营养成分的吸收和运输，酶的分泌，纤维素、木质素等复杂物质的分解利用，都必须在一定的水分条件下才能进行。但是水分也不能过多，过多了会影响培养基内通气，影响菌丝呼吸，还会使细胞原生质被稀释过度，从而降低抗逆性，并加速其衰老。生产上所谓的湿度，一是指培养料的含水量，二是指栽培环境的空气相对湿度。

（1）培养料的含水量　培养料所含的水是猴头菇所需水分最重要的来源，只有培养基中含有足够的水分时，子实体才能正常地形成。猴头菇生长的适宜含水量，与培养基的物理性状有密切的关系。培养基质地坚实，则要求含水量低，反之，则要求含水量较高。木屑等质地较紧密的培养基，要求较低的含水量，以55%左右为宜；棉籽壳、甘蔗渣等较疏松的培养基，要求较高的含水量，以65%左右为宜。

（2）空气相对湿度　猴头菇在生长发育过程中，要求生长环境保持一定的空气相对湿度。一般在菌丝生长阶段，要求空气相对湿度低些，以70%左右为宜，如果湿度过高，菌袋的污染率就会成倍提高；如果湿度过低，又会造成培养基内的水分蒸发过快，影响菌丝生长。

在子实体生长发育阶段，要求较高的空气相对湿度。由于猴头菇子实体很鲜嫩，表面没有角质、革质或蜡质等保护组织，是裸露状肉质块，因此对外界湿度很敏感。在子实体生长发育阶段，出菇场所的空气相对湿度要求达到85%～90%，在这种的湿度条件下，子实体生长迅速，菇体洁白。若湿度低至70%，子实体表面就会很快失水、干枯，颜色变黄，菌刺变短，生长变慢或停止，致使产量降低。特别是幼嫩子实体，湿度低时还会留下不能恢复的永久性斑痕。反之，湿度超过95%时，又会因通气不良而使子实体畸形，多数表现为菌刺粗、球块小、分枝状，严重时不形成球块，产生担孢子多，味苦，抗逆性大大降低，易染病害。同时，湿度过高时，不仅容易引起杂菌生长，而且还会妨碍子实体蒸腾作用的正常进行。而子实体的蒸腾作用，是细胞原生质流动和营养物质输送的促进因素，蒸腾作用的受阻轻则影响子实体的正常发育，重者会造成死菇，造成减产。

3. 空气 在空气中，氧气和二氧化碳是影响猴头菇生长发育的重要因素。一般在正常的空气中，氧气的含量约为 21％，二氧化碳含量约为 0.03％。猴头菇是一种好气性真菌，它在生长发育过程中进行呼吸作用，需要不断吸收氧气，放出二氧化碳并产生能量供猴头菇生长需要。因此猴头菇生长发育过程要求较充足的氧气，如果空气不流通，氧气不足，就会抑制猴头菇菌丝的生长和子实体的发育。猴头菇菌丝体和子实体的生长对空气的要求有所不同，菌丝体可以在二氧化碳浓度为 0.3％～1％ 的环境条件下正常生长。因此菌丝在有棉塞的菌种瓶中生长很好，但如果空气条件过差，二氧化碳浓度过高，超过 1％ 时菌丝生长速度减慢，超过 3％ 时则菌丝不能生长。如菌种瓶口用通气不良的塑料薄膜包封，开始菌丝还能生长，随着瓶内二氧化碳浓度的提高，菌丝体生长速度则逐渐减慢，菌丝细弱，最后完全停止生长；如去掉塑料薄膜或改用棉塞，则菌丝又能继续生长。

在子实体发育阶段，猴头菇对二氧化碳十分敏感。通气不良或空气中二氧化碳含量高时，对原基分化和子实体生长都有很大影响。在子实体生长过程中，空气中的二氧化碳浓度以 0.03％～0.1％ 为宜。超过 0.1％ 时，子实体不易分化，球心发育不良，菌柄拉长，菌柄不断分枝，菌刺扭曲，形成畸形子实体，孢子形成迟缓。通风条件好时，二氧化碳浓度低，子实体生长迅速，球块大。所以，猴头菇培养室每天应定时通风换气，以排除过多的二氧化碳和其他代谢废气。

4. 光照 猴头菇的菌丝在有光或无光的条件下均能生长，而在黑暗的条件下生长更快，所以猴头菇菌丝的培养可以不需要光照。但在实际生产中，由于光线与通风是紧密联系的，在菌种培养室应该有一点光线，但光线不能过强。

猴头菇子实体的形成和生长都需要一定的散射光。光线刺激是猴头菇子实体原基分化的必要条件之一。一般 50 勒克斯就可以刺激子实体原基形成。值得注意的是，对菌丝体生长有抑制作用的蓝光，却对子实体原基分化有促进作用。在蓝光下不仅原基分化速度快，而且原基的数量也多。在实际生产中，光照度以200~400勒克斯为佳，在此光照条件下，子实体生长正常，洁白而健壮。若光照过强，超过1 000勒克斯，子实体往往发红，生长缓慢，品质变劣。

猴头菇的子实体没有向光性，而菌刺生长却有明显的向地性，在培养过程中，如果采取菌袋倒放模式栽培，菌刺生长得非常整齐。如果过多地改变容器放置的方向，就会形成菌刺卷曲的畸形菇，这种畸形菇，由于担孢子不能自然弹射，使其味道变苦或在子实体上出现次生菌丝，降低商品价值。

5. 酸碱度（pH） 酸碱度是影响猴头菇生长的重要环境因素。猴头菇是一种喜欢酸性环境的食用菌，只有在酸性条件下，猴头菇才能很好地分解培养基中的有机物质。

猴头菇的菌丝，在pH 4~7的范围内均能生长，最适pH为5左右。在pH 7以上及4以下，菌丝纤细，生长慢。pH大于7.5时菌丝难以生长。

猴头菇菌丝在生长过程中会不断分泌有机酸，所以培养后期，培养基常会过度酸化，从而抑制菌丝自身生长。因此在生产上，为了使猴头菇的菌丝稳定生长在最适酸碱度下，大量栽培配制培养料时，常添加1‰~1.5‰的石膏（硫酸钙）或碳酸钙。这既能提供猴头菇生长需要的钙、硫营养，又能对培养料的酸碱度变化起缓冲作用。

在生产上除了要考虑菌丝自身产生有机酸造成培养基酸碱度下降外，还要考虑培养料在灭菌过程中也会造成酸碱度的下降，因此在配制原种、栽培种及栽培用的培养基时，要将pH适当调成5.5~6.5。这样经过高压灭菌或常压灭菌以及菌丝新陈代谢过程中产生的一些有机酸，可使培养基的pH达到猴头菇的最适范围内。

三、猴头菇菌种无公害生产工艺

菌种是指经人工培养获得的可供进一步繁殖或栽培使用的食用菌菌丝纯培养物。这相当于高等植物的秧苗、营养钵苗。食用菌菌种有特定的制作程序，只有掌握了制种技术，才能生产出优良的菌种，使食用菌栽培获得成功。

猴头菇菌种由 3 部分组成，即猴头菇菌株的纯菌丝体、菌丝体着生的基质和包装容器。猴头菇菌种按基质成分的不同，分为木屑种、棉籽壳种、麦粒菌种等；按培养基质物理性状不同，分为固体菌种与液体菌种；按照使用目的的不同，分为保藏菌种、试验菌种、选择用种、鉴定用种和生产菌种；按菌种生产步骤，分为母种、原种、栽培种，或称其为一级种、二级种、三级种。

（一）菌种的分级

根据《食用菌菌种管理办法》，菌种分为一级种、二级种、三级种，菌种场相对应分为一级菌种场、二级菌种场和三级菌种场。

1. 一级种 一级种又称为母种、试管种，是将经孢子分离法或组织分离法得到的纯培养物移接到试管斜面培养基上培养而得到的纯种。除通过单孢分离获得的母种外，一般获得的母种纯菌丝具有结实性。采用分离法获得的母种数量很少，需要将菌丝再次转接到新的斜面培养基上进行转管繁殖，以得到更多的母种，这种母种称为再生母种。

2. 二级种 二级种又称为原种，是由母种转接到装有木屑、棉籽壳等固体培养基质的专有菌种瓶中培养而成的。根据《食用菌菌种管理办法》和《食用菌菌种生产技术规程》的规定，一支试管母种只能生产6瓶原种。原种的容器为750毫升菌种瓶或符合要求的塑料袋。

3. 三级种 三级种又称为栽培种，是在原种的基础上进一步扩大繁殖而成的。栽培种的培养基质与原种的培养基质类似，但更接近于栽培基质。栽培种数量较多、成本较低，可以直接用于袋栽。栽培种通常采用木屑或棉籽壳为培养基，以塑料袋或玻璃瓶作为容器。根据《食用菌菌种管理办法》和《食用菌菌种生产技术规程》的规定，一瓶原种可以扩大繁殖50袋栽培种。

（二）菌种生产的工艺流程

猴头菇菌种生产的工艺流程见图2：

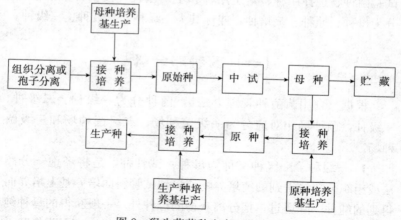

图2 猴头菇菌种生产工艺流程

（三）菌种生产的场地要求

猴头菇菌种生产的场地要具备料场、晒场、配料场、装料场、灭菌室、冷却室、接种室、培养室等相应独立的场所。此外，母种生产还必须有出菇实验的场所。

1. 场地要求

（1）料场　料场是培养料的贮存场所，主要用于存放棉籽壳、麦皮、麦粒、石灰、石膏等培养材料，以及菌种瓶、塑料袋等培养容器。猴头菇菌种料场以室内场所为主，要求单独建房，以防止螨类传播，同时要做好场所的通风和降湿，要注意防止原料霉变。

（2）晒场　用于培养料的暴晒，以起到杀虫灭菌的作用。要求地势开阔、空旷、通风良好、干燥的水泥地或硬地。

（3）配料场　用于培养基的配制。要求场所宽敞、明亮、水电方便、水泥地面。配置水龙头和洗涤槽等。

（4）装料场　用于培养基的分装。一般中小规模的菌种场，装料场和配料场合在一起。

（5）灭菌室　灭菌室是放置各种灭菌设备、用于培养基灭菌的场所。要求空间开阔、水电方便、空气流畅。

（6）冷却室　用于冷却灭菌后的培养基，要求按无菌室的标准构建，空间干燥、洁净、防尘、易散热。要经常清洗、消毒，设置推拉门、缓冲间。

（7）接种室　总体要求与冷却室相似，一般小规模的菌种场二者是合二为一的。

（8）培养室　培养室的总体要求与接种室相似，要求通风、干燥、洁净、保温、防潮。要有控温设施，内设菌种架。

2. 菌种场布局　菌种场各个场地布局要合理，否则，会影响到工作效率和菌种的成品率，从而影响到菌种场的经济效益。

在布局上根据《食用菌菌种管理办法》以及生产的实践有以下几项要求：

①菌种场周围无禽畜舍，无垃圾（粪便）场，无污水和其他污染源（如大量扬尘的水泥厂、砖瓦厂、石灰厂、木材加工厂等）。

②冷却室、接种室、培养室等要求无菌的场所在布局上与料场、晒场、配料场、装料场等带菌场所要远离，同时在制种高峰期时，无菌场所在风向上游，带菌场所在风向下游。

③冷却室、接种室、培养室等无菌场所要相连，而料场、晒场等带菌场所也要靠近，以减少污染、减小劳动强度。

④生产流程要顺畅。菌种场布局应结合地形、方位，统筹安排。防止交错，以免引起生产的混乱。菌种场布局详见图3。

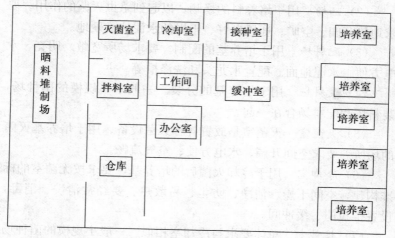

图 3　菌种场布局

（四）菌种生产的设施

1. 灭菌设备　灭菌设备主要有高压灭菌锅和常压灭菌灶。

（1）高压灭菌锅　是菌种生产上最重要的设备，它是在一个密闭的金属耐压容器中，通过煤、电等对水进行加热产生水蒸气，并利用水蒸气驱尽锅内空气，同时使锅体内的气压升高，从而产生饱和热蒸汽，进而形成高温（一般为127℃），并以此高温来彻底杀灭杂菌，实现培养基的灭菌。常用的高压灭菌锅主要有：手提式高压灭菌锅，主要用于母种培养基的灭菌；卧式高压灭菌锅和立式高压灭菌锅，主要用于原种和栽培种培养基的灭菌。

（2）常压灭菌锅　是生产栽培种的灭菌设备，在常压下产生100℃饱和蒸汽进行灭菌。常压灭菌锅由灭菌柜和蒸汽发生系统组成，灭菌柜根据材料的不同有砖混结构的、钢板式结构的等，而蒸汽发生系统更是多种多样且规模较大，利用锅炉作为蒸汽的来源，一般规模的可用蒸汽炉、铁桶式蒸汽发生器、普通的铁锅等。常压灭菌锅的优点是制作简单、造价低。但缺点是升温较慢，耗能较大，灭菌时间长，灭菌时冷凝水多、不好操作，因此在生产上不提倡使用。

2. 接种设备　接种设备主要有：接种箱、超净工作台及常用接种工具等。

（1）接种箱　是一种为接种创造一个无菌空间，满足无菌操作要求的专用设备。生产上的接种箱常为木质结构，规格多种多样，有单人操作的、双人操作的。接种箱顶部两侧呈倾斜状，安装玻璃窗扇，便于操作时观察和取放物品，但窗扇必须密闭。箱底部两侧箱壁上有两个椭圆形的操作孔，操作孔装袖套，接种时手由袖套伸入箱内操作。箱内有紫外灯和日光灯。接种箱应放在无菌的专用接种室内，接种箱应保持清洁、无杂物。接种前、后箱内都应用0.1％高锰酸钾溶液擦洗，再用清洁干布揩干。

（2）超净工作台　是一种过滤空气的局部平行层流装置，利用过滤灭菌的原理，把空气高效过滤除尘、洁净后，以垂直或水平层流状态通过操作区，在局部创造高洁净度的无菌空气，使工作台范围内成为无菌状态。超净工作台也要安装在无菌的接种室中，而且要定期清洗。接种室或超净工作台的洁净度可用简便方法检验：在接种的工作台上，以平均间隔位置摆放平皿3个，每个平皿内装营养丰富并经灭菌的牛肉膏蛋白胨固体培养基约20毫升。打开皿盖暴露培养基30分钟再盖上，于25℃培养48小时，检查菌落数，平均每个平皿中菌落不超过4个为除菌合格。洁净度基本达到100级（国际标准：空气中大于或等于0.5微米的尘埃的量≤3.5粒/升）。

（3）常用接种工具　菌种移接的工具大多是加工制作的，最普通的制作材料是自行车辐条。一般钢丝烧灼后容易生锈，所以制作接种工具最好使用不锈钢丝或镁合金钢丝。主要接种工具有以下几种（图4）：剪刀、镊子、接种针、接种环、接种钩、接种锄、接种铲、接种匙、接种刀。接种室内常用工具还有解剖刀、手术刀、酒精灯、搪瓷方盘、培养皿、烧杯、广口瓶（装酒精棉球）、菌种瓶架（固定菌种瓶用）等。

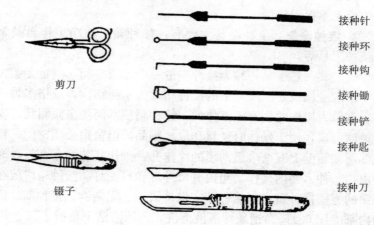

剪刀

镊子

接种针

接种环

接种钩

接种锄

接种铲

接种匙

接种刀

图4　接种工具

3. 制种用具　主要有搅拌机、过筛机、装袋（瓶）机、电热恒温培养箱、生化培养箱、称量工具等。

（1）搅拌机　主要用于将培养基中各种成分混合均匀的专业设备。由电动机、齿轮、三角皮带传动系统、离合器、搅拌室、搅拌轴等部件组成。搅拌机分为叶轮式和螺旋式两种。代表型号为 WJ-70，每小时可拌料 800～1 000 千克，每次投入料为每 3 分钟 40～50 千克。大规模生产可选用近年新发明的自走式拌料机，每小时可搅拌 5 吨，且拌料均匀。

（2）过筛机　用于清除木屑中的木块、碎石等杂物的专用机械，由机架、减速机组、传动系统、网壳、筛网等组成。

（3）装袋（瓶）机　是将混合好的培养料装入袋（瓶）的机械，可代替手工装袋（瓶），使生产者从繁重的体力劳动中解放出来。有冲压式、手推转式、手压式等多种形式，一般全机由机架、喂料装置、螺旋输送器、传动操作系统、电动机等组成，装料松紧度以手托挤来控制。据不完全统计，国产装袋（瓶）机型号有 30 多种，其中有代表性的有 ZPD-103A、GE、ZDP3、ZPD-1、6ZP-500A 等。

（4）电热恒温培养箱　电热恒温培养箱为流式结构，冷空气从后部风孔进入，经电热器加热后从两侧空间对流上升，并由内胆左、右侧小孔进入内室。它适用于猴头菇母种、原种的恒温培养，猴头菇菌种的培养温度以 25℃ 为佳。

（5）生化培养箱　温度可调并且恒温效果更精确。一年四季都能使用。既可作猴头菇菌种的培养用，也可将温度调到 4℃，进行菌种的保藏。

（6）称量工具　有天平、磅秤、杆秤等，用于培养基的称量。

4. 制种用消毒剂　主要有酒精、福尔马林、高锰酸钾、气雾消毒剂、新洁尔灭等。

（1）酒精　酒精是一种无色液体，作用机理是使微生物细胞脱水，菌体蛋白质变性，从而达到杀菌的目的。酒精的浓度在 70%～75% 时其杀菌效果最好，此浓度下酒精的穿透力最强，而浓度过高或过低都达不到预期的消毒效果。因此使用时要将市售的 95% 的酒精稀释成 70%～75%，用于消毒接种操作人员的手、接种箱的四壁、接种工具、试管、菌种瓶的表面等。

（2）福尔马林　福尔马林是甲醛的 37%～40% 的水溶液，它是强还原剂，能与微生物细胞蛋白质的氨基相结合而使其变性，当其气体在空气中的浓度为 15 毫克/升时，保持 2 小时可杀死细菌的营养体，12 小时可杀死细菌的芽孢。在菌种生产上用福尔马林作消毒剂时，一般与高锰酸钾一起使用，让二者发生氧化还原反应而产生大量的热量，使福尔马林挥发。使用时在接种箱、接种室内放一个容器，先将福尔马林倒入容器中然后再倒入高锰酸钾，通常每立方米空间用福尔马林 5～10 毫升、高锰酸钾 3～5 克。接种箱消毒 60 分钟可接种，接种室要 12 小时后才可接种。

（3）高锰酸钾　高锰酸钾常温下呈暗紫色结晶体状，有金属光泽，较稳定，极易溶于水，其水溶液呈紫红色。高锰酸钾是一种强氧化剂，能把微生物细胞中的蛋白质氧化，使之失去活性，从而达到灭菌的目的。高锰酸钾除了可与福尔马林混合熏蒸消毒外，还可配成 0.1%～0.2% 的水溶液用于洗涤器皿、擦洗菌种瓶、菌种袋表面，擦洗菌种培养室的地板、墙壁、床架等。

（4）气雾消毒剂　气雾消毒剂其主要成分为次氯酸，是一种广谱、高效、快捷、安全的消毒剂，其与福尔马林相比具有使用运输方便、消毒快捷、对人体刺激性小等优点，是目前菌种生产上使用最广泛的接种用消毒剂。通常每立方米用量为 3～5 克，点燃后熏蒸 30 分钟即可。

（5）新洁尔灭　新洁尔灭对细菌、病毒有较好的杀灭作用，而对真菌杀灭效果不佳。市售的 5% 新洁尔灭溶液使用时要加入 20 倍水稀释成 0.25% 的溶液，浸泡、喷洒、擦抹均可。使用时要注意：不能用铝及其他金属容器装，以防腐蚀生锈；不能与肥皂等阴离子洗涤剂同用；不可与过氧化物消毒剂合用。

（五）母种的分离和制作技术

1. 培养基制作流程

（1）母种生产常用材料　主要有马铃薯、葡萄糖、琼脂和水。

①马铃薯：提供食用菌菌丝生长所需的全面营养，选用无变绿、无发芽、无霉烂、无病斑的新鲜马铃薯。

②葡萄糖：提供可溶性碳源，使用化学纯制品，产品符合国家相关标准。

③琼脂：作为凝固剂，应从医药商店购买，产品符合国家相关标准。

④水：提供菌丝赖以健康生长发育的水分，通常使用洁净的自来水。

（2）母种培养基配方　常用以下 3 种配方：

配方一：PDA 培养基。马铃薯 200 克，葡萄糖 20 克，琼脂 20 克，水 1 000 毫升，pH 自然。

配方二：马铃薯综合培养基。马铃薯 200 克，葡萄糖 20 克，磷酸二氢钾 2 克，硫酸镁 1.5 克，琼脂 20 克，水 1 000 毫升，pH 自然。

配方三：猴头菇子实体培养基。猴头菇子实体 200 克，琼脂 20 克，水 1 000 毫升，pH 自然。

因培养基种类较多，其他培养基配方这里不一一列入。

（3）母种培养基制作

①培养液制备：

PDA 培养基：马铃薯去皮后称取 200 克，洗净，切成 1 毫米的厚小片或 1 厘米^2 的小块，加适量水煮沸 20～30 分钟，以马铃薯发白、变软、用筷子可捅出洞但不碎裂为度，不可煮太烂，否则培养液浑浊不清。用双层纱布过滤后取清液，得马铃薯汁。加入20克琼脂并加水至1 000毫升,再煮到琼脂融化,加入葡萄糖(若配制马铃薯综合培养基,同时加入磷酸二氢钾和硫酸镁),边加边搅拌,并注意补水至1 000毫升。

猴头菇子实体培养基:将猴头菇子实体清洗后切成薄片,放入1 000毫升水中,煮沸10分钟,用双层纱布过滤,取其汁,加入琼脂至溶化,补足水。

②分装试管:培养基配制完毕应趁热及时分装,否则温度降低,琼脂凝固后还需要再加热融化。分装前要安装好分装装置,常用玻璃漏斗套接乳胶管和尖嘴玻璃接液管,乳胶管上配止流夹。生产数量较多时也可用医用的灌肠杯代替漏斗。猴头菇母种生产所用的试管最好是20毫米×200毫米规格的,分装时左手抓握4~5支试管,右手控制接液管插入试管,逐一注入培养基,试管中的培养基量为总试管容量的1/5~1/4。分装时应注意不要将培养液沾到试管口,避免将来发生污染。若有沾液,则要用灭菌纱布及时擦净。分装的试管培养基凝固后,直接加棉塞封口。要用普通棉花,不能用脱脂棉。塞棉塞时要注意做到大小适宜、松紧适度、操作方便,不宜过松或过紧,以封口后手持棉塞轻轻摇动时试管不脱落且旋转拔出顺利为度;棉塞外观要求光滑,不能塞得过浅或过深,否则会造成操作困难。

③高压灭菌:分装好的试管应当及时灭菌。灭菌时将试管扎成捆,一般7支为一捆,用橡皮筋扎紧,然后用牛皮纸或其他防潮纸将整捆试管的棉塞包好,直接放入手提式高压灭菌锅内的灭菌桶中,装量不宜过多,应留1/5的空间,以利于灭菌时气体的流动。将桶放入加有适量水的手提高压锅中,正确封盖。封盖后开始加热,加热到压强为0.05兆帕时,打开放气阀排气,直至排净锅内的空气,压力表指针回零。排气后关闭放气阀,加热升温到压强为0.11~0.12兆帕,此时锅内的温度为121℃以上,保压灭菌30分钟。灭菌30分钟后,自然降压直至压力表指针回零,打开锅盖。开盖时注意先错开一条小缝,让蒸汽冒出并带走

棉塞上的水分，起到干燥棉塞的作用。

④摆成斜面：开盖后趁热取出试管，斜卧放置，使之自然冷却凝固成斜面培养基，即成斜面培养基。斜面为试管长的1/3～1/2为宜。摆斜面后将试管保温，使试管缓慢凝固，以减少试管内外温差，从而减少试管内的冷凝水。

2. 母种分离方法 母种分离方法较多，在猴头菇生产上主要用组织分离法、孢子分离法和基质分离法。

（1）组织分离法 子实体是特殊分化的菌丝体，从其任何一部分组织中分割下一小块均可重新长出菌丝体，并进一步发展形成新的子实体。组织分离法长出的菌丝体能够很好地保持亲本的生物学特性，不易发生遗传变异，无论幼菇还是成熟菇体，只要是新鲜的，均能分离培养。这种方法简单易行，便于推广应用，是菌种生产经常采用的方法。

①种菇选择：选择发育良好的子实体是获得合格菌种的先决条件。种菇要求选择出菇早的头潮菇、生长旺盛、符合本品种特征、菇形正常、大小适中、颜色洁白、菌刺丰满、无病虫为害的子实体。

②分离方法：将选择好的种菇切去基部，冲洗干净，于无菌室（接种箱、超净工作台等）内用无菌水冲洗数次，并用无菌纸充分吸干表面水分，再用0.1%升汞浸泡5分钟。取出后用无菌水冲洗多次，或直接用75%的酒精涂擦菇体表面，进行表面消毒。消毒后，在酒精灯火焰上方，用清洁的小刀削去菌刺，然后用双手将其掰开，迅速用接种针挑取中间约绿豆大的一块菌肉，放入试管斜面培养基上。

③培养：把带有组织小块的试管放入25℃的恒温箱中培养，2～3天后组织块及其周围便可长出白色菌丝，7～8天后菌丝长满斜面。新分离出来的菌株，还需要经过3～4次转管纯化，选择长势较好的进行出菇试验。

（2）孢子分离法 孢子分离法又称为孢子弹射法，它是在无

菌条件下，利用子实体自行弹射孢子的特性，使孢子散落在人工培养基上，经过培养得到原始菌丝体的方法。这种方法由于需要较多的设备，做法也比组织分离法复杂，因而未被广泛使用。孢子分离法的操作方法如下：

①种菇选择：选择应从菌丝开始，要选菌丝生长粗壮、无病虫杂菌、出菇均匀、发育正常且正在弹射孢子的子实体。最好从纽扣大小就开始标记，观察长势，经过比较，选择最优者作为种菇，达八九成熟时采收。

②分离方法：分离时，采下种菇，削去基部，在无菌室或已消毒的接种箱中，首先对种菇用75%的酒精进行表面消毒，然后在酒精灯火焰上方切取一小块带有1～3根菌刺的子实体，迅速贴附于斜面培养基中部正上方的试管内壁上，塞上棉花，将试管竖放在广口瓶中，使孢子自由弹射到培养基上。经过4～6小时，当培养基表面出现孢子印痕时，在酒精火焰上方将子实体块取出。

③培养：取出子实体块后，将试管放入25℃左右的恒温培养箱中培养，3～4天后即可见孢子上长出白色菌丝。此时即可从孢子萌发比较稀疏的部位，用接种针取菌落边缘的菌丝尖端进行移接。经几次转管后，从中选出长势良好的进行出菇试验。孢子分离法所得的菌株只有通过出菇试验证明其高产、稳产、生物性状优良后，才能用于生产。

（3）**基质分离法**　基质分离法也称为菇木分离法、寄主分离法。

①菇木选择：在盛产猴头菇的季节，到深山老林中寻找野生的猴头菇。选择出菇多、菇体大、生长健壮、无病虫害、出菇1～2年的菇木。

②分离方法：把选择的菇木晾干，在子实体生长部位锯取约2厘米长的小段，放在0.1%氯化汞溶液或75%的酒精中浸泡1分钟，取出后用无菌水冲洗多次，用无菌纱布将菇木揩干，放在无菌纱布上，用无菌刀把木块四周切去，再将木块切成半根火柴

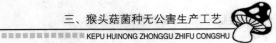

棍大小，截去两头，移接斜面培养基中。

③接种培养：把接有种木的试管放入 25℃ 的恒温培养箱中培养，2～3 天后种木及其周围可长出白色菌丝，说明分离成功。新分离出来的菌株，还需要经过 3～4 次转管纯化，选择长势较好的进行出菇试验。

3. 母种接种方法　接种是母种生产的一个中心环节，接种技术是母种生产的一个核心技术。接种的每一环节都要求无菌操作，不仅要创造一个无菌的空间，人手及任何一个用具也都要求消毒，而且操作动作要迅速、敏捷。母种的接种通常是在接种箱中或超净工作台上进行，具体步骤如下（图5）。

①将所有用品包括空白斜面培养基、接种钩、接种铲、酒精灯、火柴等接种工具放入接种箱内，按消毒操作规程对接种箱进行消毒。消毒后打开工作灯，用 75％ 的酒精棉球擦洗双手，伸入接种箱内，再擦接种工具。

②接种工作全部在点燃的酒精灯旁进行，接种时左手用大拇指和其他四指将菌种管和待接种的试管握住，使中指位于两试管之间的部分，右手握接种钩。斜面向上，并使两支试管处于水平状态。同时应该先将棉塞用右手拧转松动，以利于接种时拔出。

③将接种钩放在酒精灯的外焰上面灼烧后，靠在试管内壁冷却。凡是在接种时可能进入试管的部分，都应用火焰灼烧。

④将左手握的试管移至酒精灯一侧，用右手小指、无名指和手掌拔掉棉塞。先在火焰上将试管口微烤一下，并转动试管，将试管口沾染的少量杂菌烧死。

⑤使接种钩接触没有长菌的培养基部分，使其冷却，以免烫死菌体。然后轻轻接触菌种挑取黄豆粒大小的菌丝体，将接种钩抽出试管，注意不要使其碰到管壁。迅速转入到新试管中央，将试管口在火焰上稍灼烧，将棉塞燎烧至微焦并塞回到接种完的试管口上。右手将接种钩放入菌种管内，保持火焰封口状态，并用左手将接好种的试管放下，重新取一支斜面培养基试管，重复上

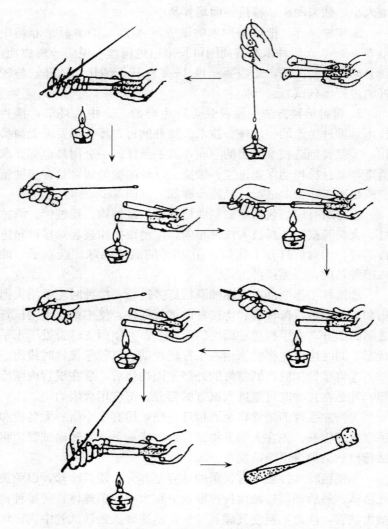

图 5　母种接种过程示意图（引自敦丙冉等，1995）

面操作，直至试管接种完。

　　整个过程应迅速、准确，一般一支试管母种可转接 30 支新试管，因此操作比较熟练的工作人员往往不将原菌种管的棉塞塞回，以便于转接工作的进行。这样操作时必须保证该试管口一刻也不离开火焰，否则极有可能带来杂菌污染。此外，操作者在取、换试管时应注意只能接触试管底端，而不要接触试管口以免被烫伤。

4. 母种的培养　接种完的母种应及时移入已消毒的培养场所中进行培养，在进行母种培养的前两天应对培养室或培养箱进行空间消毒，培养场所的空气相对湿度维持在 75% 以下，根据猴头菇菌丝生长最适温度为 25℃ 左右的特点，将培养场所的温度保持在 22～25℃ 范围内，同时保持培养场所的通风。母种的培养是整个菌种生产中最基础的环节，被污染的母种会将杂菌逐级带入原种和栽培种以至生产过程中，其后果不堪设想。因此在培养过程中要认真、仔细地观察菌丝体的生长状况，发现问题及时处理。接种后 24 小时内将试管自培养箱中取出，逐支检查是否有细菌感染。被细菌污染的试管通常在接种块附近出现液状的小斑点，发现这种可疑斑点的试管都要挑取出来，废弃不用。在培养期间应间隔 2～3 天检查一次，检查是否有霉菌污染。被霉菌（青霉、绿色木霉、曲霉、链孢霉等较为常见）污染的试管，会出现鲜绿、墨绿、各种锈色或粉红色的斑点。此时只要出现白色以外的斑点，就可以认为是母种被污染了，应废弃不用。母种在使用时还需对光认真检查一次，有可能发现一些被猴头菇菌丝所覆盖的杂菌污染。总之，凡是可疑的试管都要挑选出来，废弃不用。

（六）原种与栽培种制作工艺

猴头菇的原种和栽培种的生产过程基本相同，故一并讲述。

1. 培养基的配制方法

（1）常用配方　猴头菇的原种与栽培种的培养基配方各式各

样，比较常用的有：

①阔叶树木屑 78%，麦皮 20%，蔗糖 1%，石膏 1%。

②棉籽壳 80%，麦皮 18%，蔗糖 1%，石膏 1%。

③阔叶树木屑 40%，棉籽壳 40%，麦皮 18%，蔗糖 1%，石膏 1%。

（2）原（辅）料处理　培养料在使用前要经过适当的处理。一是晒料，晒料主要是为了杀菌、杀虫，也为了更准确称量培养料的质量。二是堆制发酵，以棉籽壳为培养基的，如果大规模生产菌种，要在野外自然堆制发酵 1 个月左右。如果是小规模生产，可不进行堆制发酵，但由于棉籽壳不易吸水，要充分预湿，即拌料前 1～2 天，将棉籽壳放入 1% 的石灰水中浸 10 分钟，捞起后堆成一堆，让其自然沥干水分。使用木屑为培养基的，最好在自然条件下堆积淋水 3 个月以上。

（3）拌料　以木屑、棉籽壳为主料的，可用机械拌料和手工拌料。

①机械拌料的方法是：按配方量取或称取一定量的主料和辅料，放入搅拌机中，先开机进行干混。因为加水后麦皮、米糠、石灰等遇水会结成团，而难以与主料均匀混合。干混好后加入适量的水，再进行搅拌，一般搅拌 10～15 分钟即可。

②手工拌料的方法是：按配方量取或称取一定量的主料和辅料，先按一层主料、一层辅料把培养料堆成一堆，然后进行干混，干混好后，加入适量的水，再进行搅拌，通过多次的反复搅拌使培养料混合均匀。在搅拌时要不时检查培养料的水分和酸碱度。如果水分不足，用喷水壶均匀加水；如果酸碱度过低，要用石灰进行调节。

（4）装瓶或装袋　袋栽猴头菇的原种可以用瓶装，也可以用袋装。栽培种在生产上应以袋装为宜，因为采用玻璃瓶生产菌种虽然可以降低污染率，但玻璃瓶在操作过程中易破碎，损失大、成本高，同时接种时瓶装菌种极不好操作，而塑料袋装量多、价格便宜、易于运输、生产与接种操作方便，因此为了提高生产效率、降低成本，生产上栽培种应采用塑料袋培养。

①装瓶：瓶子要使用 750 毫升的广口瓶。装瓶前必须把空瓶洗刷干净，并倒尽瓶内渍水，然后一边装，一边用压实耙压实，装至瓶肩为止。不可装填过满，一般料面离瓶口的距离不小于 6厘米，否则不利于通气，反而影响菌丝的生长。装好瓶后，要用圆锥形木棒在瓶中打一个洞，直到瓶底或临近瓶底为止，以增加瓶内透气，有利于菌丝沿洞穴向下蔓延，也利于菌种块的固定。洞眼打好后，马上将瓶身和瓶口洗抹干净，否则一旦风干，粘在瓶外壁及瓶口的培养料难以洗净，使培养时滋生杂菌。将瓶身和瓶口清洗干净也有利于培养过程中检查菌丝生长情况。待瓶口晾干后即塞上棉塞，瓶口潮湿时不可塞上棉塞，否则受潮的棉花高压灭菌后会粘瓶口，给接种造成不必要的麻烦，同时也容易污染杂菌。

棉塞要求干燥、松紧和长度合适，不宜使用脱脂棉，因其极易受潮而长杂菌。棉塞总长 4～5 厘米，2/3 塞在瓶内，1/3 露在瓶外，内不触料，外不"开花"，用手提棉塞时瓶身不下掉。这样透气好，种块也不会直接接触棉塞而受潮感染。棉塞使用后，经暴晒、打松可再次利用。为了防潮、防尘、防杂菌，原种生产时要用 10 厘米×10 厘米的防潮纸或牛皮纸包扎瓶口，以防灭菌时棉塞被冷凝水浸湿，减少杂菌侵染的机会。

②装袋：装袋的操作工艺如下。

塑料袋选择：根据《NY/T 528—2010 食用菌菌种生产技术规程》的规定，原种、栽培种可用 15 厘米×28 厘米的耐126℃高温、符合 GB 9688 卫生规定的聚丙烯塑料袋。

装料：装袋的基本要求同装瓶一样，生产数量大时可用装袋机装袋，要求装得紧实，且上下一致。塑料袋比较容易磨破，装料时要格外小心，要求地面光滑、操作技能娴熟。装料高度达12～15 厘米时将料面用手压平。

清洁袋口：装料结束，待粘在袋口的培养基碎粒干后，用手轻轻甩打袋口，使粘在袋口上的培养料脱落，确保塑料袋口洁净透明，一则可防止杂菌污染，二则便于将来查种检杂。

套套圈：清洁袋口后，套上内直径 3.5～4 厘米、高度 3～3.5 厘米的套圈，套圈要求质地厚实、有韧性、不易老化、坚固耐用。

塞棉花：棉花的质地要求及制作方法与上面的菌种装瓶相同。在生产上也可使用带有能过滤杂菌的海绵的专用塑料袋菌种盖，这种盖子与套圈是配套的，使用这种套圈的好处是操作方便，但成本略高于使用棉花。

2. 培养基灭菌要求　　所谓灭菌，是指采用物理或化学等方法，杀死培养基上一切微生物，包括细菌芽孢、真菌孢子，使培养处于无菌状态。灭菌的方法有多种多样，在猴头菇菌种生产上采用热力灭菌中的湿热灭菌方法，即利用高温水蒸气来杀灭培养基中的微生物。其原理是微生物细胞的蛋白质和原生质体由于受热变性凝固而丧失生命活力。绝大部分微生物都不耐高温，一般在 50℃时只要几分钟就会被杀死，即使是耐高温型的微生物也难以抵御 75℃的高温，但是处于休眠状态的微生物细胞，尤其是芽孢杆菌和梭菌的芽孢，其耐热性很强，甚至在 100℃的沸水中煮几分钟以至几个小时还能够存活。为了彻底消灭所有的微生物，要提高灭菌的温度或延长灭菌的时间。但如何做到既经济又有效，是生产过程中应该考虑的问题。生产原种和栽培种的培养料灭菌方法和要求是：

（1）高压灭菌　　高压灭菌是目前使用最广泛的灭菌方法，原种培养料必须经过高压灭菌。高压灭菌在高压灭菌锅中进行，原种和栽培种培养料灭菌常用的高压灭菌锅有灭菌容量较大的卧式高压灭菌锅和立式高压灭菌锅。高压灭菌可以在较短的时间内杀灭包括细菌的芽孢、真菌的孢子和休眠体在内的一切微生物。杀灭的效果随着温度（压强）的升高和时间的延长而提高，在实际操作中要求把温度控制在127℃或0.15兆帕下，保持2.5小时。猴头菇的原种和栽培种通常以棉籽壳、木屑等物质为培养料，这类培养料本身含菌量较大，装载密度也较大，影响了蒸汽的渗透和热力交换，必须在这个蒸汽压强下保持2.5小时，否则将会造成灭菌不彻底。

进行高压灭菌必须注意的事项：

①加热到压力表为0.05兆帕时要打开排气阀，排尽灭菌锅内的冷空气，让压强降至零后关闭排气阀。这样做的目的是彻底排除锅内的冷空气，避免出现"假压"现象，影响灭菌的质量。

②灭菌锅内的物品不应排列过于紧密，要留出一定空隙使蒸汽能够流通，避免部分培养料受热不均匀或有"死角"而造成灭菌不彻底。

③灭菌结束后应缓慢排气。尤其是压强在0.05兆帕以上时排气量不可过大，以避免由于内、外压强差过大造成棉塞被冲脱、击穿塑料袋，影响灭菌质量。当压强降至零以后，将门盖打开一条小缝让锅内剩余的蒸汽完全排出，再将门盖完全打开，略为冷却后再取出被灭菌的瓶（袋）。

④为防止灭菌过程中冷凝水弄湿棉塞，除应注意在装锅时不要让棉塞接触锅壁外，还须在瓶（袋）口加盖防水纸。此外，在灭菌结束后稍微开启门盖并使物料在锅内停留一段时间后再取出，这样即使棉塞被弄湿了也能利用锅内的余热将其烤干。

（2）常压灭菌　是指以常压蒸汽进行灭菌的方法。在菌种生产上一般不提倡使用常压灭菌，一是由于耗能大；二是保温时间长，水蒸气从棉塞进入培养基，造成培养基含水量过大，不利于菌丝生长；三是由于长时间的灭菌，一般情况下所有的棉塞都湿掉，不仅增加了操作难度，还增加了污染概率。因此《NY/T 528—2010 食用菌菌种生产技术规程》规定，原种生产培养料一定要使用高压灭菌，只有栽培种培养料可以使用常压灭菌。

常压灭菌在常压灭菌灶上进行。常压灭菌灶的种类较多，详见"四、（五）5"中的常压灭菌灶类型。为了达到较好的灭菌效果，一般在温度达到100℃后需要保持12～16小时。

3. 无菌接种要求

（1）原种接种要求 原种要求很高的无菌条件，接种要在接种箱中进行。将灭菌后冷却的原种瓶（袋）以及接种工具、母种放入接种箱内，进行消毒，消毒的方法和要求与母种接种相同。按无菌操作的要求，在接种箱内先对母种试管口进行消毒处理，将接种针进行火焰灭菌、冷却，放入试管中，左手持原种瓶横放，用右手小指与手掌一起用力抓住棉塞，左手将原种瓶逆时针旋转后退，拔出棉塞，火焰封口，用接种钩挑取约占试管斜面1/6的菌种块，放入原种瓶中，棉塞过火后塞上。接完原种后，贴上标签，同时将菌种块轻摇到培养料的中央。塑料袋装原种在接种时，要用接种针将菌种块轻轻拨到旁边，不能正对棉塞，否则菌种块与棉塞接触，造成失水而不发菌或造成污染。

由于试管斜面上部培养基较薄，而且通常接种时都将接种体放在这一位置上，因此这一部位的菌丝体菌龄较长，菌丝易老化自溶，活力较弱，所以在接种时都将这部分弃去不用，弃去的部分长度为0.5～1.0厘米。

原种的种源只能用母种进行扩繁，一支试管的母种扩接原种不得超过6瓶（袋）。

（2）栽培种接种要求 栽培种的接种同样要求无菌操作，一般要求在接种箱进行。接种所使用的工具和方法与母种、原种的接种有所不同。将待接种的栽培袋横放入接种箱左边，选择优质的原种置于接种架上，同时将长度为20厘米左右的镊子、浸有75％酒精的棉球、酒精灯等一起放入接种箱内，进行消毒，消毒方法与母种棱种相同。按无菌操作的要求，先将原种瓶的瓶口消毒，将原种表面培养基扒掉，弃去顶部1～2厘米的老菌种。左手持菌种袋，右手小指与手掌一起用力夹住棉塞并旋转取下棉塞，菌种袋靠近原种瓶（袋）口，用已经灭菌的镊子夹取菌种迅速接种于栽培种袋中，棉塞过火后塞回袋口，顺时针旋紧棉塞。接种完的菌袋放在接种箱右边，整齐码放。重复上述操作直至接种结束。接种完后，取出菌种，贴上标签，放入培养室。

在进行猴头菇的原种和栽培种接种时，由于菌丝从接种点向周围呈球状扩展，因而还可以采用一种两点接种法。这样可以使菌丝提早 1/3 的时间长满全瓶（袋），节省了时间，同时使菌种的菌龄较为一致，活力也强。具体方法是：在装瓶（袋）后，用特制的打孔器（木棒）在培养基中央打孔，灭菌操作按常规进行。接种时，在培养基接种穴下部和上部各接种一块即可。

栽培种的种源必须是原种，禁止使用栽培种扩繁栽培种。一瓶原种最多只能扩繁 50 袋栽培种。

4. 菌种培养管理技术　接好种的原种和栽培种要及时移入已消毒的培养室内进行培养。培养室要控制好温度、湿度、光照、氧气等诸因子，其中主要是要控制好培养室内的温度，并做好培养室的通风、干燥和洁净。

猴头菇菌丝的最适生长温度是 25℃左右，在这样的条件下一般一个 13 厘米×28 厘米的塑料袋（装棉籽壳干料 150 克左右）30 天可长满全袋。在实际生产中，控制环境温度在 22～25℃为宜，因为生长袋内的温度比环境温度要稍高些。为了达到这种培养温度条件，夏季生产要注意做好降温工作，有条件的最好使用空调进行温度调节。培养室内要有适当的通风道和通风装置，加强通风，上架时袋与袋之间要留有小的间隙，以利于菌袋散热。冬季生产要做好保温，用各种办法使培养室保持适宜的温度范围，并注意做好通风，防止菌丝缺氧。

在培养过程中要做好查种工作。原种和栽培种培养一般要经过 3 次认真的检查，第一次是接种后 10 天左右，此时由于接种操作而造成污染杂菌的症状已开始表现，同时如果此时不及时检查，有的杂菌会被猴头菇菌丝覆盖，出现猴头菇菌丝与杂菌混合生长的现象。如果使用这种菌种就会使栽培种的生产或猴头菇的栽培生产失败。第二次检查是在袋、瓶内猴头菇菌种的菌丝生长到袋、瓶的 2/3 时，这时袋、瓶内的杂菌的孢子已产生，如果被污染，多数的杂菌已表现出红色、黄色、绿色、青色等症状，但要特别注意菌丝与猴头菇菌丝相似的杂菌如毛霉等的检出。对于塑料袋装的菌种这次检查要仔细观察每一个袋子的底部是否因破袋而引起污染，如果菌丝长透，袋底污染的菌种就很难被检查出。第三次检查是在菌种出售时，要对菌种进行最后一次全面的检查。

（七）菌种保藏技术

菌种保藏的主要目的就是保持原菌株的优良性状。其原理是：根据菌种的遗传性能和生理生化特性，人为地创造环境条件，通过降低菌种的代谢活力，使其处于休眠状态，减缓衰亡速度，在保持菌种原有优良性状的基础上达到优良菌株的稳定保存。同时，在恢复适宜的生长条件时，能在很短时间内恢复活力，迅速生长繁殖，使一个好的猴头菇种在生产上能长期应用。下面介绍几种目前猴头菇菌种保存的常用方法。

1. 试管斜面低温保藏法　这是常用的而且是最简便的保藏方法。它是将长满菌丝的猴头菇斜面试管用牛皮纸包好，置于冰箱中，温度保持在 2～4℃，有效期可达 4～6 个月。将棉塞齐管口剪除多余部分，用固体石蜡熔化后封口，或改换成无菌橡胶塞封口，能有效地防止培养基中水分的蒸发和棉塞的发霉。保藏用的培养基最好用 PDA 培养基，而不用营养丰富的培养基。为减少培养基中水分的散发，延长保藏时间，可将琼脂的用量增加到 2.5%，并增加试管中的培养基量。保藏时，应尽量减少开冰箱的次数。冰箱保藏的猴头菇菌种，取出须放在常温下 1～2 天，待其恢复活力后，方能移管接种。

2. 小型菌种瓶低温保藏法　除使用试管进行猴头菇菌种的低温保藏外，还可以使用一种小型菌种瓶进行猴头菇菌种的短期保藏。这种瓶颈口较小。其优点是个体小而扁，便于在空间有限的冰箱和冷藏室内排放，同时还能节约培养基（每瓶仅 8～10 毫升）。此外，这种瓶接种时可以侧向倒放而不会滚落，瓶口也不会碰到台面，使用方便。

用小型菌种瓶进行菌种保藏，其操作程序与试管斜面低温保藏法的操作程序基本相同：a. 用注射器在小型菌种瓶中加入配制好的培养基 8～10 毫升，加盖（要盖得稍松一些）。b. 灭菌。c. 从灭菌锅取出摆成适当大小的斜面，待培养基凝固后将盖拧紧，以防培养基脱水变干。d. 接种，使用接种环或接种针在琼脂斜面上划线培养或做穿刺培养。

3. 液体石蜡保藏法　液体石蜡（又称为矿物油）是一种导泻剂，医药商店一般都出售。液体石蜡保藏法也称为油浸法，其保藏原理是：在菌苔上灌注液体石蜡后，可以防止培养基水分散失，还能使菌丝体与空气隔绝，从而抑制菌丝的新陈代谢。由于方法比较简单而保藏期比试管斜面低温保藏法长得多，所以广泛应用于微生物菌种的保藏。

液体石蜡保藏猴头菇菌种的做法是：

①培养保藏菌种：将需保藏的菌株，按照试管斜面低温保藏法培养至长满试管。

②液体石蜡的处理：选取不霉变、不含水分的化学纯液体石蜡分装于锥形瓶（装量占瓶体约 1/3），塞好棉塞后进行 0.1 兆帕、30 分钟灭菌处理。将灭菌后的石蜡趁热移入 40℃的恒温箱中，让其中的水分蒸发干净，直至液体石蜡呈完全透明为止。

③灌注液体石蜡：将灭菌备用的液体石蜡移入无菌室（箱），让液体石蜡冷却至常温，按无菌操作将液体石蜡注入试管中，直至浸没斜面并比培养基高 1 厘米左右为止。由于液体石蜡是易燃品，操作时要特别小心。

④封口及保藏：已灌入液体石蜡的试管，再用蜜蜡封闭管口或换用灭菌胶塞，用牛皮纸或塑料薄膜包扎好，直立于试管架

上，放入 4℃ 的冰箱中或置于通风、干燥的室内常温保存。保存期为 5～7 年，但最好 1～2 年移植一次。在保存期间应经常检查，勿使培养基露于空气中。如发现液体石蜡变浅、培养基露于液体石蜡之外，应及时补充液体石蜡。

取用液体石蜡中的菌种时，可以不倒去液体石蜡，只要用小接种铲从斜面上铲取一小块菌丝体即可，但应尽量少带或不带矿物油。以免在进行火焰灭菌操作时引起爆炸飞溅。刚从液体石蜡中分出来的菌种由于多少沾有矿物油，活力较弱，需要转代 2～4 次并检查出菇正常后方可投入使用。

4. 自然基质保藏法 自然基质保藏法是生产上比较实用的菌丝保藏方法。它是采用自然界中最适合猴头菇菌丝生长繁殖的阔叶树的小枝条、树皮、木块、木屑等，酌加一定比例的麸皮（不高于 10%）、石膏粉等，制成的固体培养基，含水量 65% 左右。装入大型试管（用 25 毫米×200 毫米的试管最好）或瓶子中，高压灭菌后（灭菌时间同原种培养基），以无菌操作法接入菌种，在 25℃ 下培养，长满试管后，在冰箱中保藏，方法同试管斜面低温保藏法（管口也要封蜡）。该方法保藏猴头菇菌种，方法简单，保藏期长，1～2 年转管一次。使用菌种时，置 25℃ 的条件下恒温培养 1 天，以无菌操作法挑取一小块培养物，移接到新的培养基即可。也可剖开枝条或小木块，取其中的组织移接，成功率、可靠性都很高。

5. 原种和栽培种短期保藏法 原种和栽培种在一般情况下要按计划生产，菌丝长好后要及时使用，不宜长时间贮藏，如果有必要也只能做短时间的保存。要保藏的菌种必须菌丝粗壮、活力强、无杂菌污染、无衰老现象。保存方法有：把符合保存标准的原种和栽培种放入保存室中。保存室必须干净、凉爽、干燥、黑暗，保存室的温度以 5～10℃ 为宜，不要超过 15℃，也不能低于 0℃。在这样的条件下，可保存 2～3 个月。温度越高，保存期越短。

四、猴头菇无公害袋栽高产新技术

猴头菇在刚进行人工栽培时以瓶栽为主，随着栽培技术的进步，特别是 20 世纪 80 年代后伴随着袋栽香菇、袋栽银耳等袋栽食用菌的大面积推广，猴头菇的生产也从瓶栽转为袋栽。袋栽与瓶栽相比具有生产成本低、操作方便、栽培周期短、产量高、经济效益高等优点，受到广大菇农欢迎。同时就袋栽技术而言，经过广大科技工作者、菇农的共同努力，其栽培技术也在不断完善，猴头菇生产的产量、质量和生产效益都在不断提高。本节作为本书的重点，着重介绍当前我国猴头菇生产上实用的无公害袋栽高产新技术。

猴头菇无公害袋栽高产新技术是一项复杂的技术体系，要在生产季节安排、品种选择、菌袋制作、子实体的生长管理、病虫害防治以及产品加工上形成技术规范，以防治农业污染为基础，抓好栽培环境条件的选择、抗病丰产品种的配套，科学配料，调节环境，使用生物农药和高效、低毒、低残留农药，使猴头菇品质达到无公害标准。生产上要特别注意：在场地的选择上把好栽培环境关，对无公害生产基地进行生态环境状况摸底调查，在对大气、水质、土壤等主要因素进行多种污染项目检测的基础上，选择诸环境要素综合指标较好的场所作为栽培基地；在原（辅）材料的选择上要把好投入品的安全关，原料一定要选用新鲜、干燥、无霉变的，尤其是避免使用污染了剧毒农药的农

林下脚料；在栽培管理上要把好病虫害防治关，以"预防为主、综合治理"为原则，防治病虫害时一定要严格选用高效、低毒的农药，出菇管理过程中绝对不能对猴头菇子实体直接施用任何药物。

（一）栽培季节

猴头菇属中温发菌、偏低温出菇的菌类。其菌丝体生长发育的最佳温度为 24～26℃。子实体生长发育的适宜温度为 18℃左右，最佳温度为 16～20℃。高于 23℃ 子实体生长不良，低于 12℃子实体生长缓慢。子实体生长发育时，不但温度要适宜，而且空气湿度要大，相对湿度要求达到 85%～90%。猴头菇的菌丝体培养一般要 30 天左右，然后就转入子实体生长阶段。由于在自然条件下温度难以调节，而湿度可以通过喷水等方法进行调节，因此要根据猴头菇菌丝培育和长菇两个不同阶段需求的温度来确定最佳接种期。在生产上通常分为春、秋两季栽培。总体来说：东北，3～4 月培养菌袋，5～6 月出菇；6～8 月培养菌袋，9～10 月出菇。华北，2～3 月培养菌袋，4～5 月出菇；8～9 月培养菌袋，10～11 月出菇。华中，1 月中旬至 2 月中旬培养菌袋，3 月中旬至 4 月中旬出菇；9 月中旬至 10 月中旬培养菌袋，11 月中旬至 12 月中旬出菇。南方诸省（自治区、直辖市），1～2 月培养菌袋，3～4 月出菇；9～10 月培养菌袋，11～12 月出菇。这样正好利用了有利的气候条件，而避免了不利的气候条件。就南方来说，春季（1～2 月）接种，正好自然气温回升，且春雨蒙蒙，空气相对湿度十分适宜猴头菇子实体生长。秋季（9～10 月）接种，此时气温由高变低，正好适宜发菌和出菇的正常要求。

当然，以上的时间只能作为参考，因为我国地理复杂，除南北气候不同外，同一地区的不同海拔其气候差异也很大。栽培者必须根据当地气候条件掌握好以下两个原则：一是接种后 30 天内，当地气温不超过 30℃；二是接种日起，往后推 30 天进入长菇期，当地气温不超过 25℃，以免影响子实体的生长发育。如福建省宁德市屏南县，地处福建省东北部，多数村庄的海拔在 700 米以上。在 700 米以上的地区栽培猴头菇，春栽时：制袋时间可提早到 11 月上旬，翌年 2 月结束，3 月上旬到 5 月中旬出菇，还可继续长菇的菌袋如果条件许可，可采取加厚菇棚覆盖物等方法，将菌袋保留到秋季出菇。春栽时间提前到 11 月，一是根据该地区冬季气温低，菌丝生长速度慢，提早生产给菌丝足够的生长时间；二是在 11 月和 12 月气温低，空气相对湿度低，生产时污染率低。而在 2 月制袋的菌袋，制袋初期要采取适当的加温措施以满足菌丝生长需求。秋栽时，由于当地夏季气温不高，制袋时间为 8 月到 9 月上旬，出菇时间为 10 月到 12 月上旬和翌年 3 月上旬到 5 月中旬。

（二）常用品种

猴头菇菌种的菌号较复杂，很多存在同种异名、同名异种的现象，因此各地在生产上要根据当地的气候特点，制种者、生产大户、科研机构、食用菌推广部门等要有针对性地引进不同猴头菇菌株，进行品比出菇试验，选出适合当地栽培模式的菌株，然后在生产上应用。这里列举几个试验结果，以供参考。

①湖北省黄冈师范学院的陶佳喜等从全国各地引进 7 个菌株，进行品比试验，筛选出了适合鄂东大别山区生产栽培的两个优良菌株——引自华中农业大学的"猴杰 5 号"和黄冈师范学院研究分离的"猴黄 2 号"。

②天津市蔬菜研究所的居玉玲等从全国各地引进 20 个菌株，经品比试验，筛选出适合天津及华北地区栽培的两个优良菌株——引自山东师范大学的"猴头 93"和天津市蔬菜研究所分

离的"天农猴头菇"。

③江苏徐淮地区淮阴农业科学研究所的花春英等从全国各地引进 10 个菌株，经品比试验，筛选出了适合于徐淮地区生产栽培的 3 个优良菌株——引自浙江省常山县微生物研究所（原）的"常山 99"、引自江苏省农业科学院蔬菜研究所的"猴丰"和江苏徐淮地区淮阴农业科学研究所分离选出的"92102"。

④福建省古田县、屏南县等地，通过制种者的试验、菇农的栽培实践，在该地区栽培使用 10 年前从浙江常山引进的并经多次筛选复壮的"大球 99"。

（三）栽培场地与菇棚建造

1. 栽培场地安全要求 菇场宜选择在光照充足、通风良好、冬暖夏凉、避北风防寒流的地域；应交通方便、地势平坦，靠近水源，排水性好；环境清洁，以免杂菌干扰或蝇虫侵害。

对于建立无公害猴头菇栽培基地的出菇场所，除了以上的要求外，对周边环境条件、土壤质量、水质等因子还要进行检测评价。应选择不受污染源影响或污染物含量限制在允许范围之内、生态环境良好的区域，其产地选择、生产用水、土壤质量必须符合《NY/T 2798.5—2015 无公害农产品生产质量安全控制技术规范 第 5 部分：食用菌》和《NY 5358—2007 无公害食品 食用菌产地环境条件》的要求。即：

产地选择：食用菌生产场地要求 5 千米以内无污染源；100 米之内无集市、水泥厂、石灰厂、木材加工等扬尘源；50 米之内无禽畜舍、垃圾场、死水水塘；距公路主干线 200 米以上。

水质：生产用水中各种污染物含量均应符合表 2。

土壤质量：食用菌生产用土应符合表 3。

产地环境调查与采样方法按《NY/T 5295 无公害食品

产地环境评价准则》执行。

表2　生产用水中污染物的指标要求

项　目	指　标
混浊度	≤3
臭和味	不得有异臭、异味
总砷（以 As 计，毫克/升）	≤0.05
总汞（以 Hg 计，毫克/升）	≤0.001
镉（以 Cd 计，毫克/升）	≤0.01
铅（以 Pb 计，毫克/升）	≤0.05

表3　生产用土中各种污染物的指标要求

单位：毫克/千克

项　目	指　标
镉（以 Cd 计）	≤0.40
总汞（以 Hg 计）	≤0.35
总砷（以 As 计）	≤25
铅（以 Pb 计）	≤50

2. 菇棚的建造　袋栽猴头菇的栽培方式有 3 种：一是畦式栽培，二是层架式栽培，三是野外露地栽培。这 3 种栽培方式其菇棚的建造方法有所不同。

（1）畦式栽培的菇棚建造　菇棚一般分为内棚和外棚。外棚用于遮阴，创造适于猴头菇生长的仿野生环境；内棚用于排放菌袋，盖有塑料膜，具有保温、保湿作用。

外棚又称为遮阴棚，主要用于遮阴。遮阴棚的搭建材料可以就地取材，菇棚的骨架可用毛竹、松木、杉木、杂木，搭建时支柱要牢固，防止风吹雨打造成倒塌。菇棚高度以 2.5 米为宜，长、宽根据地形和生产数量而定，一般按每平方米放置 20 袋进行计算。棚顶遮盖物可选用芦苇、茅草、芒萁草、松树枝、杉树枝等，四周要围篱笆、挂草帘，防止禽畜进入并防止太阳直射，草帘的材料可用稻草、芦苇、茅草、芒萁草等，四周及顶棚遮阴物也可用遮阳网来进行遮阴。

畦床一般宽 1.2～1.4 米，长度视外棚的具体情况而定，最长不要超过 30 米，床与床之间要留 50～60 厘米的走道，将走道上的泥土挖出置于畦床上面，用木板拍实，挖至畦床比走道高 30～40 厘米时即可。畦床表面要稍呈龟背形，不能下凹，防止积水。完成开沟做畦之后即可开始搭架子，搭架的具体操作是：沿畦床方向在畦床两侧每隔 2～2.5 米处打一根木桩（或竹条），桩粗 4～6 厘米，长约 50 厘米，打入土中 25～30 厘米，然后用两根木条架在木桩上，形成两根平行杆，并固定牢固。再在杆上每隔 25 厘米左右横向固定一根长度与畦床宽相等的木条或竹条，供排放菇木。畦床架搭好后，再在畦床上每隔 1.5 米架一条拱形竹架，支撑塑料薄膜。塑料薄膜以 3 米宽的为佳，竹架的拱顶离畦床地面的高为 0.8～1 米。

（2）层架式栽培的菇棚搭建 层架式栽培的菇棚分内棚和外棚，大小、长度及内棚数量视场地、栽培规模灵活安排，一般每个菇棚设 4 个内棚。内棚呈"∩"形，排放两个床架，床架外柱高 220 厘米，内柱高 240 厘米，上下分 5 层，底层距离地面 15 厘米，顶层外边离棚顶 30 厘米，内边离棚顶 50 厘米，架与架之间距离 35 厘米。床架宽 90 厘米，刚好排两袋猴头菇菌袋。床架立柱与立柱间距离 1.3～1.5 米，不能太宽。两个床架之间的走道宽 70～80 厘米。每条立柱顶端锯成凹槽，横放固定的竹条。架顶用竹片弯成弓形，用塑料绳固定在立柱顶端的横竹上，弓竹与弓竹之间距离 40 厘米，弓竹边缘距离外柱 20～30 厘米，并用条竹绑住弓竹边缘，起保护塑料膜的作用，最后用塑料膜将两个床架从头到尾全部盖住。内棚外搭遮阴棚（即外棚）。外棚的建造方法与畦式栽培基本相同，但高度等有所不同。一般要求中间高 3.5 米，两边高 2.8 米，棚顶用木板或竹条搭盖"∧"形，

"∧"形的棚顶内衬固定的塑料膜，外盖芒萁等野草，起遮雨、遮阴双重作用。外棚四周围草帘，并挂上防虫网，防止害虫侵入为害。由于菇棚遮阴物较厚，棚内光线较暗，因此，内棚要设置日光灯，起照明和调节光线的作用。

（3）野外露地栽培的畦床设置　这种栽培模式不需要建造菇棚。这种栽培模式在选地上，除了前述菇棚场地的要求外，要特别注意排涝。先在大田上划出畦床的位置，畦床的走向按不同的地块特点，以方便灌水和排涝为准。做成凹型的畦床，把畦床内泥土成块地铲起垒实作为走道，畦床宽 1.2～1.4 米，走道宽 35～40 厘米，畦床深 35～40 厘米，长度不定，畦床上每隔 6 米要留一个宽 30 厘米的通风口。走道要拍实，床底要弄平，进水口一端要略高于出水口。在畦床上横放直径为 2 厘米的横杆，横杆可用竹子或木棒或竹片做成，其两端固定在两边的埂上，如果横杆的承重力不足，要在横杆的中间部位纵向再做一条支撑的纵向杆。横杆以两条为一组，平行摆放，上面放菌袋（接种朝下），为了让出菇时子实体不会碰到横杆上，当菌袋放在横杆上时每条横杆刚好处于菌袋上的两个接种穴中间，一般两条横杆的距离为 20 厘米，每组横杆之间的距离为 30 厘米左右。

3. 栽培场地消毒　栽培场地在使用前要严格消毒，特别是旧的栽培场地更要注意做好消毒工作，否则易污染杂菌和滋生虫害而导致栽培失败。消毒的方法和消毒的药剂较多，生产上要根据不同条件来选择。

（1）消毒药剂及使用方法

①硫黄：硫黄是菇棚消毒最好的药剂，它不仅可以杀菌，还可杀虫和杀螨，同时它不仅在畦床架表面起作用，由于是采取熏蒸方法，还可渗入到缝隙中起作用，因此在菇棚的消毒上能起到很好的效果。一般 1 米³ 空间约使用 15 克。使用时先将菇棚密封好，然后点燃硫黄熏蒸。使用时要注意以下几点：一是由于硫黄在高湿的条件下能发挥最大的消毒作用，因此在熏蒸前要用喷

雾等办法将菇棚的湿度提高到85%以上；二是硫黄的雾状颗粒比空气重，比较容易降到地面，因此熏蒸时要将放置硫黄的容器放在高处，使硫黄均匀分布于空间的每个地方，以提高熏蒸的效果；三是硫黄气体是有毒的，要防止人、畜中毒；四是由于硫黄燃烧生成二氧化硫，与水反应会形成硫酸，因此消毒后的菇棚有水的地方要防止人手脚烧伤和衣服、袜子等被腐蚀。

②甲醛和高锰酸钾：甲醛有强烈的刺激气味，有强烈的杀菌作用，可杀灭各种类型的微生物，其杀菌机制为凝固蛋白质、还原氨基酸，属广谱杀菌剂。福尔马林是37%～40%的甲醛溶液，性质稳定，耐贮藏。使用时先将菇棚密封好，1米³ 空间用甲醛溶液10毫升、高锰酸钾4克。甲醛的杀菌能力强，但杀虫能力弱，同时甲醛气体对眼睛、呼吸道、皮肤等有强烈的刺激性和毒性，消毒处理时操作人员要注意防护。

③漂白粉：为有氯气气味的白色粉末，主要成分为次氯酸钙，在水中分解成次氯酸，具有较强的杀菌作用，消毒效果较好。常以1%～2%的水溶液洗刷菇棚床架，或喷洒空间进行消毒。此溶液杀菌效力持续时间短，要随配随用，否则使用效果降低。漂白粉有腐蚀作用，操作时要注意人身安全。

④石灰：有生石灰和熟石灰两种，生石灰主要成分为氧化钙，白色固体，与水反应则变成熟石灰。石灰具有强碱性，消毒时就是利用这个特点进行杀菌。菇棚消毒时可以撒粉，也可用2%～3%的水溶液喷洒菇棚空间、床架以及周边环境。

⑤杀虫剂、杀螨剂：根据不同情况，在菇棚消毒时，还要喷洒杀虫剂、杀螨剂进行杀虫和杀螨。常用杀虫剂有敌敌畏、乐果等，杀螨剂有联苯菊酯、炔螨特、阿维菌素、吡虫啉、甲氰菊酯等。

（2）栽培场地的消毒方法　栽培前首先搞好场地环境卫生，将层架或畦床用塑料薄膜密封，然后用上述消毒剂进行熏蒸消毒，无法采取熏蒸消毒的场地可撒石灰粉或喷洒消毒剂，同时喷洒杀虫剂、杀螨剂。对多年使用的层架还要用石灰水、漂白粉水溶液进行清洗。

（四）常用的栽培原料及投入品安全要求

1. 主要栽培原料及质量要求　适合于栽培猴头菇的原料有以下几种。

（1）木屑　木屑是栽培猴头菇的最好原料。在广大林区可选用除樟树、木荷外的阔叶树的木屑，如麻栎、栓皮栎、青冈栎、山毛榉、高山栎、蒙古栎、米槠、柿树、橡树和胡桃等的木屑，以及果树（板栗、苹果、桃、油奈等）剪枝条、桑蚕枝条木屑，还可用经处理的松树木屑。适于栽培猴头菇的干木屑，一般含粗蛋白质 1.5%、粗脂肪 1.1%、粗纤维（含木质素）71.2%、可溶性糖类 25.4%。碳氮比（C/N）约为 492∶1。木屑质量要求：一是粗细度，要求过孔径 4 毫米的筛，清除杂物及带尖刺的木片，以免刺破料袋；二是要求色泽新鲜，无霉烂，无结块，无异味，无油污；三是要求铅、镉等重金属含量不超标。

（2）棉籽壳　棉籽壳的营养较为丰富，是当前猴头菇袋栽中使用最广的一种原料。棉籽壳栽培猴头菇，比木屑产量高 0.6～1 倍，出菇期提前 4～6 天。

据分析，棉籽壳含纤维素 37%～39%、木质素 29%～32%、可溶性糖类 34.9%、粗蛋白质 7.3%。其含碳素 56%、氮素 2.03%，碳氮比（C/N）为 28∶1，适合于猴头菇生产的营养要求。棉籽壳不仅含有足够猴头菇生产发育所需的营养成分，而且质地疏松，吸水性强，棉籽之间的间隙较大，利于通气。生产中应选择农药残留不超标、无霉烂、无结块、没被雨水淋湿、当年收集的新鲜棉籽壳，栽培时不必加工，可与其他辅料直接配合使用。我国每年种植棉花面积约为 660 万公顷，可供食用菌生产的下脚料达 200 万吨。因此，棉籽壳的来源相当广泛。

（3）甘蔗渣　甘蔗渣是甘蔗榨汁后的下脚料。甘蔗渣一般含干物质 90%～92%，粗蛋白质 2.0%，粗纤维 44%～46%，粗脂肪 0.7%，无氮浸出物 42%，粗灰分 2%～3%。含碳 53%，含氮 0.63，碳氮比（C/N）84∶1。

生产上必须选用新鲜色白、无发酵酸味、无霉变的甘蔗渣。一般应取用糖厂刚榨过汁的新鲜甘蔗渣，并及时晒干贮藏备用。未充分晒干，长久积放结块、发黑变质、有霉味的甘蔗渣不宜使用。由于甘蔗渣含有较多的可溶性糖类，在高温条件下容易污染链孢霉等杂菌，因此开始生产时要对原料进行发酵处理，以消耗转化可溶性糖。在用甘蔗渣为主料进行栽培时，一般与棉籽壳、废棉等配合使用，并要添加适当的麦皮、米糠等辅料。

（4）玉米芯　脱了粒的玉米穗轴。干玉米芯含水分 8.7%，含有机质 91.3%，其中粗蛋白质 2.0%、粗脂肪 0.7%、粗纤维（含木质素）28.29%、可溶性糖类 58.4%、粗灰分 2.0%，碳氮比（C/N）约为 100∶1。打碎后的玉米芯是栽培猴头菇的较好原料。使用时要注意农药残留不要超标。

猴头菇的主要栽培原料除以上几种外，还有酒糟、金刚刺渣等。

2. 辅料及质量要求　由于木屑、棉籽壳、玉米芯、甘蔗渣等原料含氮量较低，需要补充含氮素较高的辅助物质来加以调整，生产上常用的辅助物质有麦皮、米糠、玉米粉等，因这些物质起辅助作用，故称为辅料。此外，由于猴头菇菌丝要在偏酸的环境下生长，且最适酸碱度范围较窄，所以在培养料中还要加入适量的缓冲剂进行酸碱度的调节，这类物质主要是石膏和碳酸钙，其需要量虽小，但不可缺少，为此，在此一并介绍。

（1）麦皮　麦皮是面粉厂加工面粉时的下脚料，含有小麦的表皮、果皮、种皮、珠心、糊粉等。麦皮营养十分丰富，含有粗蛋白质 13.5%、粗脂肪 3.8%、粗纤维 10.4%、可溶性糖类 55.4%、粗灰分 4.8%、维生素 B_1 7.9 微克/千克。含碳 69.9%，含氮11.4，碳氮比6.1∶1。麦皮是袋栽猴头菇最重要的辅料，对调节培养基的碳氮比、提高猴头菇菌丝对培养基营养的吸收利用、促进菌丝生长和子实体分化起重要的作用。但麦皮易滋生霉菌，一定要选择新鲜、不结块、未霉变的麦皮；若有霉变、虫蛀和结块现象，轻者经筛、晒后再用，重者不宜使用，以免造成培养料中碳氮比失调而影响猴头菇产量。在无公害猴头菇栽培中，使用了禁用农药的小麦的麦皮不能作为猴头菇栽培原料，最好选用品牌麦皮，并在使用前进行抽样检测。在猴头菇原料的选用中，麦麸最容易带进有害物质。

(2) 米糠　米糠是稻谷加工后的下脚料，营养物质较为丰富。由于其精制程度不同，所含的营养物质也不一样。一般细米糠含粗蛋白质10.88%、粗脂肪11.70%、粗纤维11.5%、可溶性糖类45.0%、灰分10.5%。含碳49.7%，含氮11.4，碳氮比4.4∶1。米糠的选择原则与麦皮一样，要选择新鲜、无霉变、无虫蛀、不板结的，使用了禁用农药的稻谷的米糠不能作为猴头菇栽培原料。

(3) 玉米粉　玉米粉由玉米加工而成，因品种与产地的不同，其营养成分也有所不同。一般玉米粉中含有粗蛋白质9.6%、粗脂肪5.6%、粗纤维3.9%、可溶性糖类69.6%、灰分1%。含碳50.92%，含氮2.28%，碳氮比22∶1。玉米粉中的维生素 B_2 含量高于其他谷物，在培养基中加入2%～3%的玉米粉，可以增加营养源，加强菌丝的活力，提高产量。

(4) 石膏　石膏即硫酸钙，生石膏（$CaSO_4 \cdot 2H_2O$）煅烧后即为熟石膏。石膏添加量为1%～2%，具有提供钙、硫元素，调节 pH 的作用。石膏分为食用、医用、工业用、农用4种，栽培猴头菇选择农用石膏即可，价格便宜，生熟均可用，粗细度以80～100目为宜。质优、纯度高的石膏色泽为白色，有的略带黄色，其结晶体在阳光下闪光发亮；纯度不高、有掺假的石膏色泽灰暗或粉红，无光泽，不宜使用。

（5）碳酸钙 碳酸钙又称为白垩，弱碱性，纯品为白色结晶体或粉末，难溶于水。添加量为1%，具有提供钙素、调节 pH、防止培养料酸败等作用。碳酸钙一般在高温季节配制培养料时添加使用，在生产上石膏和碳酸钙一般使用一种即可，如要一起使用，每种用量都要减半。

（五）菌袋制作技术规程

1. 培养料配制原则及配方

（1）培养料配制原则 猴头菇是一种木腐菌，许多物质都可作为猴头菇的培养料，在原料的选择上要根据以下几个原则，使猴头菇栽培的利益最大化。

①坚持就地取材的原则。所谓就地取材，就是根据当地的具体情况，选择当地就有的、适合猴头菇生长的材料，如产棉区选棉籽壳、林区可选择木屑等。

②生态保护的原则。发展食用菌一定要有生态保护的意识，过去在发展食用菌的同时常常忽略了这一问题。特别是作为木腐菌的猴头菇在生产中，更要注意做好生产与生态保护的协调发展。由于我国许多地方过去不重视阔叶林的保护，致使阔叶林贮量锐减，影响到当地的生态环境，因此在生产上要尽量减少使用阔叶树，林区最好使用一些阔叶林的枝桠和木材加工厂的下脚料。

③变废为宝的原则。猴头菇虽然在野生状态下都生长在木头上，但经过人工的驯化，许多材料都是其上好的培养料，如棉籽壳、玉米芯、酒糟、甘蔗渣、经处理的松木屑、果树（板栗、苹果、桃等）的剪枝条等。在食用菌产区，部分食用菌的生产废料如银耳的生产废料等也是上好的原料。而这些原料在许多地方却是被当作废料来处理，因此在这些地方生产猴头菇时可充分利用这些资源，做到变废为宝。当然，栽培猴头菇的首要目的是获取

经济效益，要取得好的经济效益，就要做到高产、稳产，因此选择的培养料就要适宜。要做到这一点，各地在大规模栽培前要根据当地的培养材料进行培养料配方试验，选择最佳的培养料配方。

（2）培养料配方 猴头菇培养料配方较多，不同地区根据培养料来源、栽培习惯等不同，所使用的配方也不同。近年来，有不少食用菌研究者为了找到栽培猴头菇的最佳培养料配方，进行了配方筛选试验。下面就介绍几个采用不同培养料的常用配方。

①棉籽壳 88%，麦皮 10%，石膏 2%。

②杂木屑 78%，麦皮 20%，石膏 2%。

③玉米芯 78%，麦皮 20%，石膏 2%。

④甘蔗渣 78%，麦皮 20%，石膏 2%。

⑤棉籽壳 58%，杂木屑 30%，麦皮 10%，石膏 2%。

⑥棉籽壳 50%，玉米芯 38%，麦皮 10%，石膏 2%。

⑦棉籽壳 53%，银耳废料 30%，麦皮 15%，石膏 2%。

⑧酒糟 38%，棉籽壳 40%，麦皮 20%，石膏 2%。

⑨经过处理的松木屑 78%，麦皮 20%，石膏 2%。

以上这些配方中的麦皮可用米糠、玉米粉替代，但总量不变。石膏可用碳酸钙替代，用量可适当减少。

2. 培养料的准备 根据菌袋的生产数量，按照配方要求的比例计算出各种原（辅）料所需数量，在生产前采购到位。

（1）棉籽壳 选用新鲜、无霉变、未受雨淋的棉籽壳。在栽培前先将棉籽壳暴晒 1~2 天，然后充分预湿，一般提前 1 天把棉籽壳加水拌匀并堆积预湿，使水分渗透到棉籽壳中。配料时再加入 1%~2% 的石灰粉，混合均匀，然后将水分加到 65% 左右，即可装袋。也可将棉籽壳进行短期堆积发酵处理，堆成底宽 1.5 米，高 1 米，长度按地势与原料数量而定，堆边上用塑料薄膜围起来，堆顶用稻草等覆盖。堆期一般为 3~5 天，春、秋、冬季温度较低时，堆制时间宜长一点，堆制期间翻堆1～2次，翻堆时要补足水分，让培养料的含水量在60%左右。通过适当延长发酵时间，改善其理化性状，提高培养料的保水能力，有利于猴头菇菌丝对养分的吸收。

（2）木屑　最好提前1个月以上粉碎，堆放于室内，促使水分挥发变干，并可使粗木屑变软，以免装袋时刺破料袋。对过湿的木屑，堆积前要经过摊晒。堆积过程中，为防止霉烂发热，要多翻拌，不要把木屑堆放在露天泥地上，否则底层木屑含水量往往过高，且掺杂着泥土，易导致灭菌不彻底。对于一次粉碎的木屑，如果条件不允许，也可粉碎后马上使用。松木屑一定要经过脱脂后才能使用，否则产量较低。可存放半年以上，让其自然脱脂；也可采用堆制发酵的办法来脱脂，如先将松木屑在阳光下暴晒2天，洒水堆制1周，然后摊开晒2天，再洒水堆制1周，最后晒干备用。

（3）甘蔗渣　要选用新鲜色白、无霉变、无酸败的甘蔗渣，同时要及时晒干、保存好，防止变质。甘蔗渣在使用前一般需要经过室外自然堆积发酵1个月左右，通过酵母菌和细菌增殖发酵，使甘蔗渣软化，以防塑料袋被刺破，同时发酵后的甘蔗渣其营养也更易被猴头菇菌丝所利用。

3. 拌料　根据不同的配方，按比例称量原（辅）料。棉籽壳、甘蔗渣等经过发酵的培养料已经潮湿，在生产开始前，用固定的容器取样，暴晒之后称量，这样就可计算出单位体积培养料的质量，在生产时进行计量。拌料可采用手工拌料与机械拌料两种方式进行。

手工拌料：先将辅料（麦皮、米糠、玉米粉、石膏、碳酸钙等）搅拌均匀，然后按一层主料（棉籽壳、木屑、甘蔗渣等）、一层辅料直到堆完培养料，再把已堆好的干料进行干混，用铲子等工具从一边往另一边铲，至少拌两个来回。待干料拌均匀后，把料堆挖成"凹"字形，把水洒向料堆表面，使水分逐渐渗透到

料里，反复搅拌 3～4 次，使水分吸收均匀，最后把搅拌均匀的湿料用竹筛或铁丝网过筛，打散结团，使其更加均匀。

机械拌料：根据栽培的模式不同，机械拌料的方法有多种多样，这里介绍两种搅拌方法。一是把各种原（辅）料、水倒入搅拌机斗内，接上电源，搅拌 15 分钟即可。二是现在较常用的适合中小规模的农户生产的拌料方法，与手工拌料步骤相同，所不同的是拌料时手工改为自走式拌料机，这种机械成本低（目前每台价格仅 2 500 多元）、操作方便（一人就可操作）、工作效率高（每小时可拌料 5 吨），所以很受菇农的欢迎。

在搅拌过程中，要时常测定培养基的含水量和 pH，以便及时调整培养基的含水量和 pH，防止含水量不足或过高、pH 过高或过低。生产上含水量一般控制的范围是：以木屑等较紧实的培养料为主的培养基含水量为 55%～60%，以棉籽壳等较松软的培养料为主的培养基含水量为 60%～65%。pH 在装袋时为 5.5～6.5，灭菌后 5 左右。

含水量可采用仪器测定，如上海仪表仪器厂研制的 SYS-1 型水分测定仪。在生产上通常采用手抓和手捏料的简便方法进行检测，即以手抓一把培养料，紧握，指缝间有 2～3 滴水渗出，张开手指料能成团，落地即散的为宜。如果水珠下滴，说明含水量过高，要加些干料；如果指缝间仅稍有水渗出，说明含水量不足，应再加点水。

pH 的测定可用 pH 试纸进行。pH 低于 5 时，可加点石灰调节；pH 高于 7 时，可加一点磷酸钙。

4. 装袋 培养料配制后必须立即装袋，以防酸败。袋子一般用 12.5 厘米×50 厘米或 13.5 厘米×50 厘米、厚 0.04～0.05 毫米的低压聚乙烯（常压灭菌）或聚丙烯（高压灭菌）的塑料袋。一般采用装袋机装袋。一台装袋机需配备 6～8 人操作，其中铲料上机 1 人，套袋 1 人，装料 1 人，扎袋口 3～5 人。具体操作：开启装袋机，将塑料袋套进装袋机出料口的套筒上，双手紧托，当培养料源源输入袋内时，右手撑住袋口往内紧压，使装料紧实。当培养料接近袋口 6 厘米时，取出料袋。扎袋口的人接过料袋，增减培养料，装量合适后，清洁袋口上的培养料，用棉线将袋口捆扎牢固。操作时应轻拿轻放，地下垫编织袋或麻袋，避免人为磨破料袋。如果工作人员操作熟练，每小时可装 800 袋左右。

装袋要求松紧适中，标准是成年人手抓料袋，五指抓起时要有木棒状硬度感，以中等力捏住不凹陷，但袋面有微凹指印为宜；如果手抓料袋有凹陷感，或料袋有断裂痕迹，表明装料过松。装袋速度一定要快，为防止培养料酸败，在温度较高的季节生产的，要求在 5 个小时内结束。

根据接种方式的不同，如果在接种时有用塑料胶布封口的，料袋装好后，还要在袋的一面用布擦去袋面残留物，用直径 1.5 厘米的打扎器打 3 个孔，并用事先剪好的 3.25 厘米×3.25 厘米银耳封口专用胶布贴封，用手指平压胶布，使之紧贴于袋膜上。如接种时不用胶布封口，在灭菌前就不要打孔贴胶布。在实际生产中是否要用胶布封口，这取决于各地菇农的栽培习惯与接种的熟练程度，目的是控制接种污染率。如果菇农操作熟练，不用胶布封口更好。不用胶布封口有 3 个好处：一是节约了所用的胶布的成本；二是操作方便，直接接种操作速度快；三是有利于通气，菌丝的生长速度更快。

5. 灭菌 灭菌是猴头菇栽培成败的关键。在生产上灭菌的方法可采用常压灭菌和高压灭菌，高压灭菌在菌种生产中已介绍，这里着重介绍常压灭菌。

（1）常压灭菌灶的种类 随着我国食用菌栽培技术的不断推广普及，各地根据不同的取材，建造出各式各样的常压灭菌灶。不论常压灭菌灶的形状如何，就其结构而言，主要由蒸汽发生系统和灭菌系统两个部分组成。这两个部分的组合方式有连体的、分体的和混合的。蒸汽发生系统因结构与材料的不同有锅炉、铸铁鼎、铁板焊接锅、简易铁皮锅、汽油桶等；灭菌系统因结构不同有柜式、房式、池式、隧道式、简易式的等，因材料不同有砖混结构柜、铁皮柜、塑料膜柜等。这些蒸汽发生系统和灭菌系统的不同材料与结构形式，经过排列组合组成多种多样的常压灭菌灶，目前农村生产上常用的几种常压灭菌灶见图6。

（2）常压灭菌灶的建造　常压灭菌灶种类繁多，性能特点各不相同。要建造一个适用的、能耗低、易操作的常压灭菌灶，必须考虑生产规模、生产地理条件、当地的建造材料来源、燃料的来源等情况，同时在建造时把握以下几个原则：

①蒸汽发生量要足够大：灭菌灶大小、要灭菌料袋数量的多少和蒸汽发生量要匹配。如果灭菌灶空间大，而蒸汽发生量太小，不仅难以在短时间内升温，而且无法达到100℃，即便勉强达到了100℃，也难以保持这个温度。

②蒸汽要求均匀分布：连体式常压灭菌灶锅的蒸发面要大，若用圆形的铸铁鼎，鼎四周有死角，且随水位下降死角增大，可在鼎面上用水泥砌一个水池，以增大水蒸气的蒸发面，但是时间长了易漏水。最好是改用钢板焊接的船形锅，这种锅可以根据灭菌柜的大小来焊接加工，柜底有多大，锅就焊接多大，这样蒸汽的蒸发面大，蒸发量多，分布均匀，没有死角，唯一的不足是造价较高。分体式常压灭菌灶，如果用汽油桶、铁板焊接炉加热，为了蒸汽分布均匀，进气管要设于中央，管上打出气孔，孔要打得前疏后密，同时视灭菌柜的容量大小多放几根进气管；如果用锅炉加热，通常用大的灭菌柜，进气管要设多条，在中央和四周均匀分布，但应注意管孔冒出的是高压蒸汽，因此出气孔应打在管的两侧，不可正对上方，以防烫化袋子。

③隔热性能要好：

塑料薄膜柜：这是目前生产上菇农最常用的一种灭菌柜，具有灭菌数量灵活（可多可少）、操作方便等特点，使用时在待灭菌的料袋外披罩塑料布，最好用较厚的整块塑料防雨布，优点是

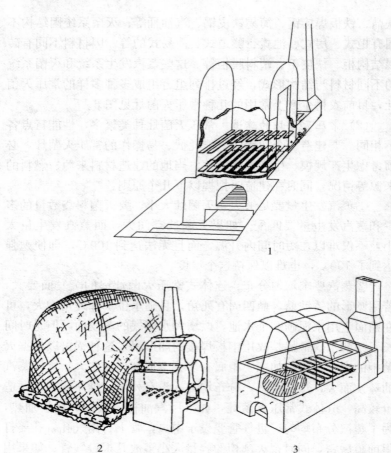

图6 常压灭菌灶（引自姜绍丰等，福建省农业厅内部培训材料）
1. 连体式常压灭菌灶 2. 汽油桶分离式简易常压灭菌灶
3. 连体式简易常压灭菌灶

不漏蒸汽、吸热少、价格低，但隔热差、易老化、无固定外形。

砖混结构柜：灭菌柜体用砖砌成24厘米厚的墙，可内夹石棉板、工业毯、泡沫薄板等隔热材料来提高隔热性能，内壁涂抹高标准的水泥，这种柜体吸热较多，连续灭菌时第一灶升温慢。

木板柜：灭菌柜体用厚 2 厘米的杉木板拼成，隔热性能较好，吸热少，但易产生裂缝而漏蒸汽。

铁皮柜：灭菌柜体用铁皮焊接而成，吸热少，外形固定，但隔热差，可外盖工业毯、石棉毯、棉被等进行保温。

④保温性能要好：所谓提高保温性能就是指提高灭菌柜的密闭性。

塑料薄膜柜：塑料布要整块的，不能有破洞，老化的要更换，盖住料袋后四周要用重物压紧，不能漏蒸汽。

砖混结构柜：内壁要涂抹高标准的水泥，顶部、门洞等关键部位要用水泥、钢筋结构。

铁皮柜：要焊接严密。

木板柜：内壁要贴塑料薄膜、油麻毡等。要安装门的灭菌柜，门首先要设计合理，易于操作，既不要过大，也不要过小，过大容易漏蒸汽，过小虽然漏蒸汽少了，但料袋进出不便，增加了劳动强度；其次门要密闭，内贴塑料薄膜、油毛毡；再次门要设置密封圈。

⑤要科学补水：补水要及时，不能让锅内没水，否则就会把料袋烧掉，造成栽培失败，同时要避免因加水而停沸。及时补水的方法有：利用连通体原理，用直径为 30～40 毫米、耐用的透明塑料软管，在锅内水位较低处接到锅灶外，这样就可从灶外观察到灶内的水位情况，为锅内适时补水；也可凭经验定时补水，但这难度较大。补水时不使锅内停沸的方法：一是一次补水量不能过多；二是补进的水一定要是热水，同时水温度越高越好，要做到这一点，可利用常压灭菌灶烟囱的热量，即在灶体与烟囱之间设立一个预热锅，补水用的水从预热锅中进入。

（3）常压灭菌的操作要点

①合理叠袋：叠袋方式采取一行接一行，自下而上重叠排放，上、下袋形成直线，前、后叠之间要留空间，以利于蒸汽通畅流通。采用塑料薄膜柜灭菌的，叠袋方式可采取四面转角处横

直交叉重叠，中间直线重叠，做到既通气又不倒塌，叠好袋后罩紧薄膜、防雨布等，然后用绳子缚在灶台的钢钩上，四周捆牢，薄膜、防雨布的四周要压上木板并加石头、沙袋等，防止蒸汽从四周漏出。

②及时灭菌：培养料在灭菌前含有大量的微生物，在干燥的情况下处于休眠与半休眠状态，当培养料加水后，各种微生物的活性加强，如不及时进行灭菌，酵母菌、细菌会加速增殖，将培养基质分解，导致酸败，造成猴头菇菌丝难以生长。因此培养料要尽快装袋，装袋后要尽快灭菌。特别是高温季节生产时更要注意这点。

③快速升温：在开始灭菌时要大火猛烧，从开始灭菌到温度达100℃，历时越短越好，最好不超过 5 小时，以免长时间高温、高湿造成杂菌自繁，使培养料酸碱度下降。

④正确保温：当灭菌温度上升到100℃后，控制火势，烧稳火，维持14～16 小时，大型钢板灭菌灶一次容量为 1 万～2 万袋的，需维持20 小时左右，才能达到彻底灭菌。期间灭菌操作者要坚守岗位，不能懈怠造成温度回落。同时应注意及时向锅内补水，避免锅内的水烧干，而且补水不能造成锅内停沸，可考虑加沸水或微量连续补水。

6. 接种 接种是料袋制作过程中最为关键的一环，在接种过程中要自始至终采取无菌操作。为降低污染率，气温高时接种应选在清晨或晚上进行。

（1）场地消毒 接种可在接种箱、接种室、帐式塑料篷中进行，在接种时这些地方都要达到无菌状态。为使接种场所达到无菌条件，常采用两次消毒法。

第一次消毒在料袋搬入前进行，一般应提前 2～4 天把接种场所清洗干净，提前 1 天用甲醛或硫黄熏蒸，也可用甲醛或苯酚喷雾消毒，关闭门窗密封12～24 小时。第二次消毒在料袋搬入接种场所后进行，过去用甲醛加高锰酸钾熏蒸的方法比较多，近

年来基本上采用气雾消毒盒消毒，一般一盒为 50 克，每立方米用 4～6 克，15 米² 的房间一般用 5 盒。在接种前半小时至 1 小时使用火柴或烟头等点燃，即产生白色的烟雾。在生产中接种室与发菌室可在同一场所，如果发菌室的密封条件较好，则可直接作为接种室使用；若密封条件较差，可在发菌室内设塑料帐式接种篷作为接种室。

（2）菌种处理　在菌种培养过程中菌种袋上会沾染杂菌的孢子，棉塞上会滋生各种杂菌，因此在接种时对菌种要进行消毒处理。在对料袋进行消毒时要将菌种搬入接种场所与料袋一起消毒。在开始接种时也要对菌种进行消毒处理。操作者戴上医用手套，用 75％的酒精消毒双手。将菌种袋上的棉花用酒精蘸湿，以防棉花上的杂菌乱飞，菌种袋表面用蘸有 75％酒精的脱脂棉球均匀擦洗两遍，用锋利的刀片在菌种袋上部料面下 1 厘米处环割 1 厘米深，将培养料连同棉塞取下，弃之不用。然后用刀片在菌种袋上纵向轻轻地割一刀，将塑料袋割破，打开塑料袋，取出菌种。消毒除了用 75％酒精外，还可用 0.1％高锰酸钾。所不同的是用高锰酸钾消毒时要将菌种放入 0.1％高锰酸钾溶液中进行清洗，拿出后将菌种倒置，待高锰酸钾溶液晾干后，再脱袋。

（3）接种操作程序和方法

①操作者、用具消毒：操作人员在接种前，头、手、衣服要洗（换）干净，有条件的要穿接种专用工作服，戴帽和口罩，双手戴超薄型医用乳胶手套，接种用具先用 75％酒精擦洗消毒，并经过酒精灯火焰灼烧。

②接种的方法：

接种口有封胶布的：开启接种穴口胶布一角，夹取菌种块（可用镊子分块，也可用手分块）塞入接种穴，接入的菌种块高于袋面时，应稍压，并将开启的胶布贴好。接种动作要迅速干练，菌种块必须压紧，胶布要不留间隙。每袋菌种（750 毫升菌

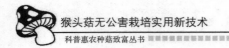

种瓶的量）可接种 30 袋左右。

接种口没封胶布的：在要接种的料袋表面用 75％酒精棉球擦洗一次，起到清洗表面灰尘和消毒的作用。在已消毒的一面，用接种打孔器均匀地打 3 个接种穴，直径 1.5 厘米左右，深 2～2.5 厘米。打孔器铁制或木制均可，钻头必须圆滑，打孔器抽出时，要按顺时针方向边转边抽，不能快打直抽，以防袋与培养料脱离而进入空气，造成杂菌污染。打穴要与接种相配合，打完穴要马上接上菌种。接种动作要迅速干练，用手直接掰开菌种块，菌种块大小与接种穴大小相符，呈三角锥形，塞入接种穴，菌种块必须压紧，不留间隙，同时要让菌种块微微凸起，以加速菌丝萌发封口，避免杂菌污染。

③接种后处理：接种后盖灭酒精灯，将接完种的栽培袋送入已消毒的培养室，清理接种室。

7. 菌袋培养管理　接种后的猴头菇菌袋进入发菌培养阶段。

（1）培养场所　猴头菇的培养场所主要要求环境干净，遮光、遮雨，有控温、控光和较好的通风条件，地面不回潮，较干燥。

专业性的猴头菇生产厂（场）要设置专门的菌袋培养室。首先要选好建造专用培养室的场地。要注意地形、方位、主风向及交通条件。理想的场地要求：坐北朝南，冬暖夏凉，地势高燥，环境清洁，空气新鲜；交通方便，有水源、电源；在 30 米之内没有畜禽舍、粮食和饲料仓库，特别要避免螨虫等为害；要远离酿酒、制曲、制醋等发酵食品的工厂。发菌室可采用土木结构、砖混结构。房间设计要求既能密闭，又能通风，且有一定的散射光。墙壁刷石灰，地面用水泥抹平。为提高场地的利用率，可在室内搭建培养架，用于排放菌袋。

非专业性生产的农村千家万户式的栽培，培养场所可利用现有的住房以及栽培其他食用菌的空棚、空房等。对于这类场地要求做好防虫、防菌处理，特别是防螨类处理，防止螨虫、杂菌等

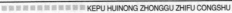
的为害。

栽培规模不大的，可以将培养室、出菇棚合为一体，甚至可以采取接种室、培养室、出菇棚合为一体的形式进行生产栽培。这样做最大的好处是减少菌袋的搬运，减小了劳动强度。但这种做法场地的利用率低，不利于大规模的生产。

（2）管理措施　猴头菇的发菌培养一般需要 30 天。其中，头 3～4 天为萌发定植期，4 天后进入菌丝生长期。菌丝发育的好坏，直接关系到子实体的发育与生长。因此在培养过程中要按照猴头菇菌丝生长发育的要求，创造最适宜的环境条件，促进菌丝健康生长。

①合理堆叠：猴头菇菌袋的堆叠方式要根据生产季节而定。气温不高时，接种后菌袋先按堆柴式排放，排与排之间间隔30～40 厘米，堆高 10～13 层，待接种口处菌丝圈直径达 6～7 厘米时，改按"井"字形叠放，每堆 6～7 层；气温较高时，接种后的菌袋按"井"字形交替堆叠，每层排 4 袋，每堆 6～7 层。接种口没有封口的，摆在顶层的菌袋要么接种口朝下摆放，要么在菌袋的表面盖一层消毒过的卫生纸，以防止表层的菌种脱水死亡和造成菌袋杂菌污染。

②灵活调温：温度是猴头菇菌丝能否正常生长的关键。要注意根据不同生产季节观察气温、堆温的变化，进行人为的温度调节，要防止高温烧菌。菌丝萌发期：接种后的菌袋，头 3～4 天为菌丝萌发期，菌种块的菌丝正处于恢复和萌发阶段，菌袋的温度比室温低 1～2℃，因此此时培养室的室温可以控制在 24～26℃。特别是最高气温在 15℃ 以下时，还可在菌堆上盖一层塑料薄膜，而在气温更低时要采取适当的加温，以保证培养时的温度。菌丝生长期：猴头菇的菌丝生长期，由于菌丝的新陈代谢会散发出热量，使料温比室温高 2～4℃，因此此时的培养室温度要控制在 23℃ 左右。由于产生菌温，菌袋的堆叠方式要由原来的堆柴式或 4 袋的"井"字形改为 3 袋的"井"字形，堆高从 7

层以上改为 4～5 层。

③加强通风：猴头菇是好气性的真菌，发菌期要注意培养室的通风换气。培养室的通风时间要根据气温而定。气温高时，选择早晨与夜间进行；气温低时，要在中午进行。气温正适合菌丝生长时，可长时间打开培养室的门窗。通风时除了打开门窗使空气对流外，在高温期还可采用电风扇通风，加大空气的对流量，以降低温度。在打开门窗时要注意不能让阳光直射菌袋，因为一是强光会杀伤菌丝，二是强光暴晒会造成袋内料温升高，散发许多蒸汽，容易导致杂菌污染。所以门窗上要挂上遮阴物以防止阳光直射。

④控制湿度：发菌期的菌丝依靠培养基内水分生长，不需要外界供水，而培养室空气湿度大时，袋外杂菌容易滋生，同时会使接种穴口胶布潮湿，导致杂菌污染。所以培养室要求干燥，室内空气相对湿度尽可能控制在 70% 以下。要控制好湿度，首先要选择干燥的培养场所；其次，当室内湿度比室外湿度大时，要及时打开门窗通风，降低湿度，而当室外湿度比室内大时要关紧门窗。

⑤适时开口：对于接种口用胶布封口的，随着菌丝的生长，袋内新陈代谢产生的二氧化碳逐渐增加，此时要增加袋内的氧气，并排出二氧化碳，以满足菌丝生长的需要。生产上当接种穴之间的菌丝快要相连时，即可开口增氧。其方法是，把接种穴上的胶布揭起一角，顺手将胶布卷成半圆形，再把胶布边贴于袋面，使其形成黄豆粒大小的通气口，以利于通气。接种口没有封口的，可省略此步操作。

⑥及时翻堆：翻堆的目的，一是使菌袋均匀地接触光照、空气，保持均匀的温度，促进各个菌袋发菌均匀，达到出菇时间一致，因此在翻堆时要把中间的菌袋放在外面，上、下的菌袋放中间，发菌较好的放外面，发菌较差的放里面，促进发菌一致。二是检查杂菌。翻堆时要认真检查杂菌，凡污染其他杂菌的菌袋都

要进行处理。三是疏袋散热。随着菌丝的生长，料温也日益上升，为避免料温过高，翻堆时要把菌袋排疏，使其散热。翻堆的次数一般为 2 次，接种口菌丝直径 5～7 厘米时进行第一次翻堆。当菌丝快发满袋时进行第二次翻堆。翻堆时要十分小心，轻拿轻放，同时不要将接种穴压住，要让接种穴暴露在空气中。当菌丝满袋且穴内原基出现时，即可将菌袋转入出菇棚。

（六）菌袋排场

1. 排场时间　猴头菇经过 30 天左右室内发菌培育，菌丝生理成熟，便从营养生长转入生殖生长，此时菌袋要及时搬入出菇场所进行出菇管理。猴头菇是好氧性菌类，栽培场所要求空气新鲜，由于野外菇棚比室内菇棚生态条件好，菇生长快、健壮，畸形菇少，因此野外菇棚是最为理想的出菇场所。猴头菇通常菌丝尚未发满袋就开始出现原基，分化成子实体，因此要注意观察，及时把菌袋搬到菇棚排场。

2. 排场方法　袋栽猴头菇根据菇农栽培习惯以及野外菇棚搭建模式的不同，菌袋的排场方法也不相同，比较理想的排场方法主要有层架式、畦式和露地栽培式 3 种。无论是哪种做法，在菌袋进入菇棚进行排场上架时都要将接种穴的菌种块挖除，对有胶布封口的要揭掉穴口胶布并挖除菌种块，以便诱导菌袋定向整齐出菇。排场后要及时清扫菇棚，做好菇棚的卫生。对于层架式与畦式栽培的可在菇棚中挖除接种穴的菌种块，而对于露地栽培的一定要在培养室挖除菌种块后再搬到出菇场所，以防因菌种块难以清理干净而污染出菇场所。

3 种排场方式都要求接种穴朝下，这样子实体就可向下生长。一是因为猴头菇的菌刺有明显的向地性，子实体向下生长可使菌刺生长整齐，这不仅使子实体拥有良好的外观，也减少了畸形菇；二是有利于提高子实体周围的空气相对湿度，使子实体处于一个比较适合生长的空气相对湿度之中，有利于提高产量，且减少光头菇等畸形菇的发生，提高了产品质量；三是下伸生长可避免直射光刺激，有利于子实体色泽洁白。

（1）**层架式** 将菌袋横放在菇棚层架上，接种口朝下，每袋之间距离 3～5 厘米。每 667 米² 可放菌袋 3 万～4 万袋。这种模式比较适合规模较大的集约化栽培。其特点是：层架式栽培空间利用率高，形成立体，菇棚规范、卫生，管理方便，有利于规模化、集约化生产。但保湿性差，特别是顶层的菌袋所处环境湿度较低，易形成光头菇和萎缩菇。

（2）**畦式** 将菌袋放于菇棚畦床的横架上，立袋斜靠，接种口朝下，与畦面成 60°～70°夹角。菌袋应在距底部 2/3 处靠于横杆（斜靠点要避开接种穴，最好位于上端两个接种穴之间），每行排放菌袋 12 袋，每 667 米² 可放菌袋 1.2 万袋左右。其特点是：畦式栽培保湿性好，有利于菇体形成菌刺，色泽较白。但土地利用率较低，同时如果管理中喷水等操作不当，子实体上会带有泥沙，从而影响商品质量。

（3）**露地栽培式** 单袋平卧摆放在横杆上，穴口向下，每袋之间距离 2 厘米左右，每 667 米² 放菌袋 0.8 万～1 万袋。这种方法不用搭建遮阴棚，只要将宽 1.5～1.8 米的塑料薄膜直接盖在菌袋上，然后直接用稻草盖在塑料薄膜上进行遮阴即可。对于畦床较长的要每隔 6 米左右将畦床断开留一个 30 厘米左右的通风孔，以利于通风。放菌袋时要同时在畦床上灌水，水深 5～10 厘米，水要流动，以促进空气的流动。其特点是：露地栽培式由于不用搭遮阴棚，所以节省了成本；温度、湿度等生长条件均为自然调节，管理省力；充分利用了冬闲田，形成了稻—菇轮作的良性循环，不与粮争地；保湿性好，有利于菇体形成菌刺，色泽较白。但雨季畦床易积水，通风不良时，易出现烂菇；温度高的天气，由于太阳的直射会造成菌袋温度过高，从而影响菌袋的寿命，进而影响产量；子实体生长发育的温度、湿度、光照、通气

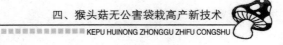

等均难以进行人工调节，产品质量不如其他模式。

3. 不同排场方式的适宜地区　3 种排场方式各有优缺点，菇农在生产中要因地制宜，合理选择。如层架式栽培适宜于进行工厂化、集约化、规范化栽培（工厂化、集约化、规范化栽培有较好的控湿、控温设施）以及适宜于栽培季节湿度较高的地区，如福建、广东、浙江等南方省份。畦式栽培适宜地区广泛，各地均可采用。露地栽培只适宜于出菇季节降水量较少的地区，特别是出菇季节空气相对湿度较低的地区最为适宜，而对于降水多且易出现洪涝灾害的地区不宜采用。

（七）子实体生长发育管理技术

猴头菇菌袋脱袋排场后，便进入出菇管理阶段。出菇管理技术的好坏是袋栽猴头菇生产能否高产的关键之一。在这一时期，根据猴头菇生长发育对环境条件的需求，应加强对温度、湿度、光照、空气等因子的管理，使猴头菇生产获得高产与优质的产品，取得较好的效益。在 3 种不同的排场方式中，层架式和畦式栽培可进行温度、湿度、光照、通风等的管理，而露地栽培模式除以下有提及的外均不能进行人工管理调节，只能靠自然调节。

1. 温度管理　猴头菇是中温型菌类，在子实体生长发育阶段温度要控制在 16～20℃。而菌袋在发菌时的最佳温度为 25℃左右，因此出菇时应从原来发菌期温度降到其最佳的生长发育温度。在适温环境下，从小蕾到发育成菇，一般 15～20 天即可采收。温度过高与过低都不利于子实体的生长发育。当温度超过23℃时，子实体发育缓慢，子实体的菌刺长、球块小、松软，且往往会形成分枝状、花菜状畸形菇或不长菌刺的光头菇，超过25℃出现菇体萎缩。温度过低，子实体分化与生长均缓慢。低于 12℃时，子实体常常呈橘红色；低于 6℃，子实体完全停止生长。因此出菇阶段要特别注意控制温度。特别是在子实体原基形成期，一定要将菇棚的温度调为 16～20℃，否则原基难以形成。

当温度过高时的管理措施：一是加厚顶棚的遮阴物，做到全阴或"九阴一阳"，以降低菇棚内的温度；露地栽培的要加厚稻草。二是向遮阴棚棚顶喷水，在一天中温度较高的上午 9 时到下午 3 时向遮阴棚棚顶喷水，喷水量根据温度而定，温度高时多喷，温度低时少喷，这种方法降温效果明显，可降温 3～5℃；露地栽培的向稻草上喷水，其降温效果显著。三是向空间增喷雾化水。四是向菇棚内的畦沟灌水以增湿降温。五是错开通风时间，实行早晚揭膜通风，而在中午温度高时罩紧塑料薄膜。

当温度低时的管理措施：一是把顶棚的遮阴物摊疏，达到"七阴三阳"或更疏，让阳光透进棚内，增加热源，提高菇棚的温度。二是早、晚要盖紧塑料薄膜保温，中午温度较高时再揭膜通风。

2. 湿度管理　子实体生长发育需要适宜的空气相对湿度，这就要求科学管理湿度。根据菇体大小、表面色泽、气候情况等不同，进行不同用量喷水。若菇小勿直对菇体喷，特别是穴口向下摆袋或地面摆袋的，利用地湿就已足够，一般要少喷水。若气候干燥，可在畦沟浅度蓄水，让水分蒸发至菇体上。子实体生长发育的原基形成期要多喷水，中期可轻喷水，后期可少喷水。在一般情况下，子实体的形成期一天喷水 3 次；当菇蕾出来后适当减少喷水次数，一天喷 2 次；当菇体菌刺已形成，且长度达 0.3 厘米以上时，喷水次数再次减少，视天气情况可喷一次或不喷；进入采摘期时停止喷水。但在实际生产中喷水的次数与量的多少要根据天气情况灵活掌握，目的是将栽培场所的空气相对湿度控制在 85%～90%。幼菇对空间湿度反应敏感，在幼菇的形成期要将空气相对湿度控制在 90% 左右，若低于 70%，已分化的子实体停止生长，即使以后增湿恢复生长，菇体表面仍留永久斑

痕;反之,如果高于 95%,加之通风不良,易引起杂菌污染。检测湿度是否适宜,可观察菌刺,若菌刺鲜白、弹性强,表明湿度适合;若菇体萎黄,菌刺不明显,长速缓慢,则为湿度不足,就要喷水增湿。喷水必须结合通风,一般是喷水后至少要通风半小时,把子实体上的游离水分子挥发掉,同时使空气新鲜,让子实体茁壮成长。要严防盲目过量喷水和正对子实体喷水,以免造成子实体霉烂;在采前 5 天一般要求停止喷水,如果空气相对湿度低于 80% 而要喷水增湿的,采摘前 1 天与采摘当天不可喷水,否则会提高子实体的含水量,使子实体在运输过程中容易发热、色泽变暗,影响产品质量。

在子实体生长发育阶段,当湿度过低时的管理措施:一是盖紧畦床上的塑料薄膜保湿;二是往菇棚中的畦沟灌水,增加地面湿度,从而增加地面水分的蒸发量;三是用喷雾器将水喷到菇棚的空间以增加菇棚空气相对湿度,有条件的菇棚可用增湿机进行增湿;四是幼蕾期层架式栽培的,可在菌袋表面加盖无纺布、湿纱布、报纸等以保持子实体周围环境的湿度。而当菇棚湿度过高时,不论是什么栽培方式,都要采取揭开畦床上的塑料薄膜加强通风的方法来降低湿度。

3. 光照控制 子实体生长发育需要一定的散射光。光线刺激是猴头菇子实体原基分化的必要条件之一。一般要求光照度 200～400 勒克斯,而且光线要均匀,特别是在子实体的原基形成期要求光线要强,而在生长期可适当弱些。若光线不足(50 勒克斯以下),会影响子实体的形成与生长,光线太弱,还会出现子实体转潮慢等现象;若光线过强(超过 1 000 勒克斯),子实体又往往发红,生长缓慢,菌刺形成快,子实体小,菇体品质变劣。在实际生产中,野外遮阴棚只要掌握"三分阳七分阴,花花阳光照得进",就可满足子实体生长发育对光线的需要。如果由于气温较高等原因,菇棚的棚顶为全阴,则要增加菇棚四周的透光度,让光线从四周进入菇棚。如果光线还不足,则要安装电

灯以增加光照度。如果为提高菇棚温度而让太阳光直射入菇棚，畦床上要用黑色的塑料薄膜进行覆盖以避免直射光照射。

4. 通风措施 猴头菇属于好气性的菌类，子实体在整个生长发育过程中要不断吸入氧气，排出二氧化碳，因此要求有较为充足的氧气供应。而且子实体生长发育阶段对二氧化碳十分敏感，是所有食用菌中对二氧化碳最敏感的菌类。通气不良或空气中二氧化碳含量高时，对原基分化和子实体生长都有很大影响。在子实体生长发育过程中，空气中的二氧化碳浓度以 $0.03\%\sim 0.1\%$ 为宜。通风不良，二氧化碳沉积过多，浓度超过 0.1% 时，就会刺激菌柄不断分枝，抑制中心部位的发育，出现珊瑚状的畸形菇。在饱和湿度和静止空气之下，易造成二氧化碳沉积，造成子实体发育不良，畸形菇增多，或杂菌污染。因此袋栽猴头菇在子实体生长阶段要加强通风。通风的管理要根据空气相对湿度与温度而定，如果空气相对湿度较低，此时一般温度也较低，野外层架式栽培与畦式栽培的，每天上午 8 时应揭膜通风 30 分钟以上，子实体长大时每天早、晚通风，并适当延长通风时间。在子实体生长发育阶段，采用畦式栽培的畦床上两端的塑料要长时间打开，采用层架式栽培的内棚两端的塑料薄膜及门也要长时间打开。如果出菇环境中的空气相对湿度与温度适宜，畦式栽培的畦上的塑料薄膜要全部打开，层架式栽培的内棚四周的塑料薄膜也要全部打开，让菌袋及子实体完全处于极佳的通风状态下，这样更有利于子实体的生长发育。对于层架式栽培的菇棚，如果菇棚长度在 10 米以上，菇棚顶棚每隔 5～6 米要开一个天窗，四周也要开些边窗，以利于通风。露地栽培的，为加强通风，一是畦床上的水要流动，让水的流动促进空气的流动；二是对于畦床较长的，中间每隔 6 米要断开，留 30～40 厘米的通风孔，以利于通风透气。通风时切忌使风直吹菇体，以免菇体萎缩。

在以上的温度、湿度、光照、通风 4 个因子中，温度可用温度计进行检测，湿度用干湿度计进行检测，光照可凭肉眼进行判断。而通风的检测虽有二氧化碳检测仪，但因价格较高，一般菇农无法购置，在生产上只能通过经验进行判断，如出现珊瑚状子实体时，说明通风不足，二氧化碳浓度过高，此时就要加大通风量。

5. 第二潮菇管理 第二潮菇的管理措施是：在第一潮菇采收后，随手把菌袋表面的残柄、碎片清理干净；停止喷水 3～4 天并揭膜通风 12 小时，让采收后的菇表面收缩，防止发霉；把温度调整到 23～25℃培养 3～5 天，促进菌丝体积累养分；再把温度降到 16～20℃，空气湿度提高到 90％左右。3～5 天原基出现，幼蕾形成，此时温度、湿度、光照、通风等管理与前面介绍的第一潮菇管理相同。第二潮菇采收后，再如上所述方法培育第三潮菇。一般可采收 3 潮菇，有的还可采收 4 潮菇，但以头 1～2 潮产量高、品质高，一般占总产量的 80％。整个出菇周期正常气温条件下 60～70 天结束，生物转化率一般 90％～100％。

综上所述，猴头菇子实体在整个生长发育过程中都要求适当的温度、湿度、光照和通风。同时温度、湿度、光照和通风既互相联系，又互相制约。在具体的生产上绝不能单一因子孤立对待，而要 4 个因素综合考虑。如通风良好，可能带来温度、湿度的不足；用塑料薄膜将菌袋密闭，温度、湿度达到要求，则可能通风不良。这就要求生产上要根据不同生长发育阶段的不同要求，采取适当的技术措施，控制好温度、湿度、光照和通风，使猴头菇处于最好的生长状态，来达到猴头菇生产高产和优质。

五、猴头菇无公害病虫害防治

在猴头菇的生长和发育的各个阶段乃至采收、加工、贮运过程，均会受到病虫不同程度的为害，直接影响到猴头菇产量和质量，轻者降低猴头菇产量与品质，重者导致绝收。对病虫害的控制，无公害猴头菇生产要求不用或少用化学农药，严禁使用剧毒、高残留农药，必须正确掌握猴头菇病虫害发生规律，采用以农业防治、生物防治和物理防治为主体的"预防为主，综合防治"的方针，建立良好的猴头菇生产小环境，充分发挥自然控制作用，使猴头菇产品达到无公害水平。

（一）袋栽发菌期、制种期病害及防治

袋栽发菌期和制种期的病害种类及防治方法基本相似，因此一并讲述。在生产上把这类病害统称为杂菌。

1. 常见的杂菌

（1）霉菌　在猴头菇袋栽与菌种生产上，常见的霉菌有木霉、链孢霉、青霉、曲霉等。

①木霉：木霉又名绿霉，在自然界中分布广，寄主多，致病力强。木霉侵入后，先产生白色的菌丝（也称为霉层），过4～5天白色的菌丝即出现浅绿色的粉状物，原来的霉层迅速扩大并不断产生新的霉层。霉层扩展很快，特别在高温、高湿的条件下，几天内整个料面就会被木霉所覆盖。木霉侵染寄主后，与寄主争

夺养分和空间，还分泌毒素杀伤、杀死寄主，同时把寄主的菌丝缠绕、切断。在温度 25～30℃、湿度 95％ 的高湿环境，栽培料偏酸性（pH 在 4.5 左右），木霉为害最大。木霉的形态特征见图 7。

②链孢霉：链孢霉又称为脉孢霉、红色面包霉、串珠霉。培养料受链孢霉污染后，其菌丝生长很快，并长出分生孢子（图 8），在培养料表面形成橙红色或粉红色的分生孢子堆。特别是棉塞受潮或塑料袋有破洞时，橙红色的霉菌呈团状或球状长在棉塞外面或塑料袋外，稍受震动，便散发到空气中到处传播。链孢霉在高温、高湿的环境条件下发生最多。

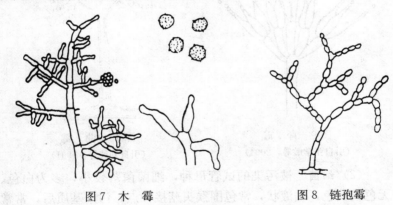

图 7 木 霉   图 8 链孢霉

③青霉：被污染的培养料上，菌丝初期白色，形成圆形的菌落，随着分生孢子的大量产生（图 9），颜色逐渐由白色转变为绿色或蓝色。菌落茸毛状，扩展较慢，有局限性。老的菌落表面常交织起来，形成一层膜状物，覆盖在料面，能隔绝料面空气，同时还分泌毒素，使猴头菇菌丝死亡。青霉较易在高温、高湿、偏酸性的环境下发生。

④曲霉：曲霉又名黄霉菌、黑霉菌、绿霉菌。曲霉种类较多，不同的种，在培养基中形成的菌落颜色不同。黑曲霉菌落呈黑色，黄曲霉呈黄色至黄绿色，烟曲霉呈蓝绿色至烟绿色，亮白

曲霉呈乳白色，棒曲霉呈蓝绿色，杂色曲霉呈淡绿色、淡红色至淡黄色。大部分种呈淡绿色。曲霉对温度适应范围广并嗜高温，如烟曲霉在45℃或更高温度生长旺盛；pH近中性的培养料也容易发生；培养料含淀粉较多或糖类过多容易发生；湿度大、通风不良的情况也容易发生。曲霉的形态特征见图10。

此外，霉菌还有毛霉、根霉、裂褶菌、拟青霉、镰孢霉等。

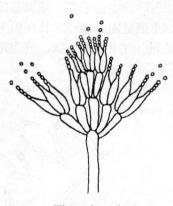

图 9 青 霉
(引自张学敏等，2004)

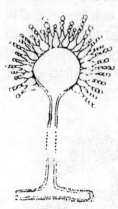

图 10 曲 霉
(引自刘波等，1991)

(2) 细菌 被污染的试管母种，细菌菌落较小，多为白色、无色或黄色，黏液状，常包围猴头菇接种点，污染基质后，常常散发出一种污秽的恶臭气味。菌袋（瓶）受细菌污染后，呈现黏湿、色深并散发出臭味，猴头菇菌丝生长受阻。

细菌的个体需放大1 000～1 500倍才能看到，有杆状、球状或弧状，大小不一。以二等分方式进行繁殖（裂殖）。有些杆菌在细胞内能形成圆形或椭圆形的无性休眠体结构，称为芽孢。芽孢壁厚，耐高温、干燥，抗逆性极强。细菌适于生活在高温、高湿及中性、微碱性的环境中，培养料pH呈中性或弱碱性、含水量偏高有利于细菌的发生。芽孢杆菌的抗高温能力极强，它们形成的芽孢必须通过121℃的高压蒸汽才能被杀死，因此灭菌不彻底是造成细菌污染的主要原因。

（3）酵母菌　被酵母菌污染的试管，形成表面光滑、湿润、似糨糊状或胶质状的菌落，不同种颜色不同，有的乳白色、白色，有的粉红色、淡褐色、黄色。都没有绒状或絮状的气生菌丝。培养料被酵母菌污染并大量繁殖后，引起培养料发酵变质，散发出酒酸气味，猴头菇菌丝不能生长。在气温较高、通气条件差、含水量高的培养基上发生率较高。

2. 发生的原因与预防措施

（1）培养料污染　由于培养料没有完全湿透（培养料偏干，甚至有的培养料夹心部分是干的），导致培养料中心的杂菌难以被杀死。这种现象常发生于麦皮霉变、结团使拌料时难以吸透水分，棉籽壳、麦皮没有完成预湿，从拌料到装袋经历的时间短且料偏干等情况。

预防措施：不使用霉变的麦皮等原料，培养料充分预湿，棉籽壳用石灰水浸泡后堆制发酵 1 天以上再用。

（2）灭菌不彻底　常压灭菌时间不足或温度不够；灭菌锅排除冷空气不彻底造成假压；菌种袋在锅内叠放太紧密，影响锅内蒸汽均匀扩散，产生灭菌死角。

预防措施：灭菌时严格按照灭菌操作规程进行，并确保灭菌锅的正常工作。

（3）菌袋破洞污染　在生产过程中的装袋、灭菌、接种、运输等，都会由于操作的不小心或机械的原因，使菌袋发生破损，产生裂缝或微孔，而杂菌就会从破损处进入，造成污染。

预防措施：生产过程中动作要规范，尽量减少菌袋的破损，高压灭菌时放气速度不能过快，否则由于压力差过大，极易产生微孔。发现破损的菌袋要及时挑出处理，一般将污染袋灭菌处理后倒出重新利用。

（4）棉塞污染　试管在装培养基时培养基沾到试管口上，原种、栽培种的瓶（袋）口不干净，棉塞与培养基相接触，棉塞在

灭菌时受潮等，都会引起棉塞污染。

预防措施：分装母种培养基时，不要将培养基沾到试管口上，如有沾上，在塞棉塞前要用干布将其擦除；灭菌后在摆试管斜面时，不要将试管倾斜过度，以免培养基沾到棉塞上；接种时发现有棉塞受潮的要及时用干燥的棉塞换上。

（5）接种污染　接种箱、接种室消毒不彻底，接种工具或操作人员的手未消毒或消毒不彻底，接种操作不规范，接种箱、接种室不密封等，都会造成杂菌污染。

预防措施：对接种箱、接种室、接种工具、手等进行彻底的消毒；严格按无菌操作规程进行接种操作。

（6）母种、原种或栽培种带菌　若在一批菌种、栽培袋中发现有相当数量污染，而且感染同一杂菌，往往是由于母种、原种或栽培种带菌所致。在生产上，上一级菌种带菌，下一级菌种一定被污染。栽培种带菌，则栽培袋一定是污染的。

预防措施：严把母种、原种质量关，在母种、原种培养期间要勤于检查，一发现感染，立即挑出，弃之不用。

（7）培养室及环境卫生条件差，造成培养污染　培养室接近禽畜舍、居民区等污染源，培养室通风不良，培养环境潮湿，培养室虫害、鼠害多等，都会引起培养污染。

预防措施：严格按照生产操作规程选择生产和培养场所，保持培养室的干燥、洁净和通风透气。

杂菌污染发生后，尤其是当污染大量发生时，要及时寻找造成污染的原因，并加以改进。一般情况下，如果污染集中在接种口，应从接种操作、种源上找原因；如果是菌袋旁边污染较多，往往是灭菌不彻底或塑料袋本身的问题或装袋操作产生破损。

（二）子实体病害及防治

1. 侵染性病害及防治　猴头菇在栽培过程中由于要求的环

境温度较低（为 20℃以下），同时出菇环境保持较好的通风状态，子实体的生长期较短，因此子实体的发病机会较少。在生产中侵染性病害最主要的是青霉病，猴头菇发病时，先是病部子实体变黄，逐渐产生灰绿色的霉层。病菌一般先侵染瘦弱的子实体及采摘时遗留的菇根、菇桩。

（1）青霉病的病原菌　为青霉菌。

（2）发生规律　子实体生长健壮时，一般不易受青霉菌的侵染而发生病害。只有当培养料酸碱度不适、含水量不足，菇棚通风较差，菇体长势不良，而水分、养分供应不上，菇体生长瘦弱的情况下，或残留的菇根未及时清除时，才受此病原菌侵染而发病。

（3）防治方法

①搞好出菇期的管理工作，控制适宜的温度、湿度及酸碱度，采完第一潮菇后，可喷洒一次 2％的石灰水清液，防止培养料酸性过强。每采完一次菇，要清除床面上的菇根及生长不良的瘦弱病菇。

②发现病菇及瘦弱幼菇应及时清除，集中处理，防止病害蔓延。

2. 非侵染性病害及防治　这类病害也称为生理性病害，是由生长环境不良等非生物因素引起猴头菇生理代谢失调而发生的子实体畸形等。猴头菇菌丝体和子实体生长发育过程中，遇到通风换气不良、二氧化碳等有害气体大量累积、空气相对湿度过高或过低、温度不适宜等不良的环境和栽培措施，造成其生理过程发生障碍，发生子实体的各种异常。猴头菇子实体由于对二氧化碳很敏感，所以其畸形菇较多。这类病害不会传染，一旦环境改善，病害症状不再继续，一般能恢复正常状态。

（1）光秃无刺型　子实体呈块状分枝，菇体肥大，表面粗糙，有皱褶，无菌刺或菌刺极少，肉质松脆，略黄褐色，香味正常。发生原因主要是空气湿度偏低、温度过高。当培养温度高于

24℃、空气相对湿度低于70％时，常常发生这种不长菌刺的光秃畸形菇。

预防措施：注意控温、保湿，当气温超过 25℃时，应早、晚揭开盖膜通风，白天把两端盖膜打开，使其透气；畦沟灌水以降低地温，空间喷洒雾化水增加湿度（保持湿度在90％左右）；把遮阴棚遮盖物加厚，减少阳光透进及水分蒸发。

（2）珊瑚型　子实体从基部分枝，又在分枝上不规则地多次分枝，长成珊瑚状，或在分枝顶端长成发育不良的幼菇。其原因主要是二氧化碳沉积过多，当二氧化碳浓度达到 0.1％以上时，刺激菌柄不断分化，抑制中心部位的发育，致使形成不规则的珊瑚状。也有的因为培养料中含有芳香化合物或其他有害物质，使菌丝生长发育受到抑制或异常刺激；有的栽培者片面强调保温、保湿，忽视通风换气，在这种饱和的湿度和静止空气条件下，使子实体向异形发展。

预防措施：在子实体发育期间，加强通风换气，保持出菇场所内有足够的新鲜空气。若已出现珊瑚状子实体，将其摘除，仍可重新形成子实体。

（3）色泽异常型　子实体形态特征与正常猴头差不多，只是颜色有差异，其菌体发黄，菌刺短而粗，有的子实体从幼小到成熟一直呈粉红色，这类子实体有的略带苦味，但香味不变。此类色变，主要是因为温度偏低，常因秋、冬季栽培气温突降，子实体受到直流风刺激，菇体萎黄；有的是因为光线过强所致。

预防措施：对色变的菇，应区别病因，对症处理。若是因低温引起的，则要采取菇棚升温的办法来解决温度过低的问题。对于光线过强的，要及时遮阴。

（4）干缩瘦小型　幼菇菇体瘦小，表面干缩呈黄褐色，菌刺短而卷曲。当湿度低于70％时易出现此现象。

预防措施：应及时向空间喷水，增加空气相对湿度，将空气相对湿度维持在85％～95％，使其恢复正常。

(三) 虫害及防治

　　猴头菇的害虫主要有菇蚊、菇蝇、螨类、跳虫等。这些害虫一方面取食猴头菇的培养料、菌丝以及子实体，降低猴头菇的产量和品质，另一方面携带病菌，传播病害，造成病害的发生和流行，给生产带来更大的损失。因此在猴头菇的栽培过程中要重视害虫的防治。下面主要介绍较为常见的两类害虫，菇蚊、菇蝇类和螨类。

1. 菇蚊、菇蝇类

　　（1）为害情况　以幼虫取食猴头菇菌丝及培养料，导致菌丝死亡。造成的危害：一是取食猴头菇菌丝，使菌丝消失；二是带入杂菌，使菌袋被污染，造成栽培失败。

　　（2）形态特征

　　①菇蚊：属双翅目昆虫（图11），有一对膜质的前翅和一对特化为平衡棒的后翅，3对足，分为5节，有爪一对，口器适于吸吮，复眼大，几乎占头的大部，单眼2～3个或无，触角多样，一年发生多代。常见的种类有尖眼菌蚊、瘿蚊、小菌蚊等。

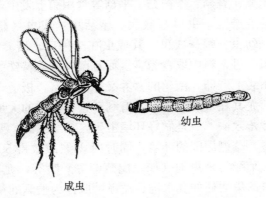

幼虫

成虫

图11　菇　蚊
（引自陈士瑜，1988）

②菇蝇：属双翅目昆虫（图12），有膜质前翅一对，后翅退化为平衡棒，足3对，爪一对，口器适于刮吸、舐吸。常见的种类有蚤蝇、粪蝇、果蝇等。

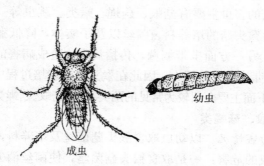

幼虫

成虫

图12　菇　蝇
（引自陈士瑜，1988）

这类害虫的幼虫多呈白色至淡黄色，体小，体长仅0.5～5.5毫米，体宽都在1毫米以下，用肉眼要很仔细观察才能见到。

（3）生活习性　这类害虫广泛分布于自然界，常集居在不洁之处，如垃圾堆、臭水沟及发酸的食物（如酒糟）上。这类害虫也常在杏鲍菇、香菇、茶树菇、平菇等食用菌上发生，特别是栽培食用菌的老产区，虫口基数大。生活史：成虫（菇农俗称蚊子）→卵→幼虫→蛹→成虫。其成虫在接种口、培养料上产卵，孵化成幼虫，进入料中取食为害。而且菌丝有着特殊的香味，引诱成虫到菌袋上产卵，菌丝的营养又非常丰富，极适合幼虫的生长和繁殖。尤其在气温较高时，有利于这类害虫的大量发生。

（4）防治方法　一是做好环境卫生，杜绝虫源。要清洁猴头菇的培养室、菇棚周围的环境，同时用80%敌敌畏500～800倍液、拟除虫菊酯类杀虫剂（如氰戊菊酯等）喷雾，尤其是菇蚊、菇蝇等害虫的集居处如臭水沟、垃圾堆应作为喷洒的重点。防治时最好是整个栽培基地统一时间处理，效果更佳。二是培养室要干燥，培养时当接种穴的菌丝恢复正常后，要尽快使接种口的菌种干燥，以减少成虫产卵的机会和降低卵的孵化率，减少为害。三是采完一批菇后要及时清理菌袋及地面上的残菇、死菇等，防止成虫在这些地方产卵。四是在菇棚中用高压静电灭虫灯等诱虫灯进行诱杀。五是在培养场所和菇棚中采用点蚊香的办法对这类害虫的成虫进行驱除，以减少培养和出菇场所的虫口基数，减少为害。

2. 螨类 螨类俗称菌虱，属蛛形纲蜱螨目。螨类种类繁多，分布广，食性杂。为害猴头菇的螨类主要有粉螨和蒲螨等。

（1）为害情况 螨类不仅为害猴头菇，也能为害双孢蘑菇、香菇等各种食用菌。从菌种生产到出菇都会受到螨类的为害。螨咬食菌丝，使菌丝枯萎、衰退。螨类还会传播病菌，叮咬工作人员，引起人的皮肤过敏。

（2）形态特征 螨体小型或微小型，常为圆形或卵圆形，身体一般由4个体段构成，即颚体段、前肢体段、后肢体段、末体段（图13）。无翅，无触角，有刚毛，足4对，缓慢爬行。由于体型很小，一般体宽只有0.1～0.2毫米，单个存在时，很难用肉眼发现，而当发现时已经是成堆存在。

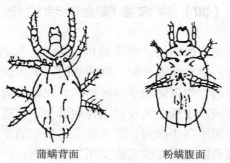

蒲螨背面　　　粉螨腹面

图13　螨

（引自李银良等，2006）

（3）生活习性 大多数害螨喜温暖、潮湿环境，常潜伏在谷仓、饲料仓、禽畜舍、米糠、麦皮、棉籽壳中。在猴头菇的栽培过程中，通过培养场所、培养材料、昆虫、操作工具等进入菌袋中进行为害。一生经历卵、幼螨、若螨、成螨4个阶段。螨类的繁殖力极强，一年最少2～3代，多的20～30代。粉螨和蒲螨繁殖都非常快，在25℃下15天就可繁殖1代。

（4）防治方法

①把好菌种质量关，淘汰有螨害的菌种。

②搞好清洁卫生，培养室、菇棚要与粮食仓库、饲料仓库、肥料仓库保持一定距离。培养室、菇棚在使用前用2.5％联苯菊酯2 000倍液以及其他杀螨剂进行喷洒。

③人工诱杀：将炒熟后的米糠、麦皮、菜籽饼用纱布包住，放于发生螨虫的菌袋中间，每平方米放3～5包，若发生螨害，1～2天后可看到纱布周围有螨虫爬动，螨虫量大时，则有密密麻麻的螨虫，此时可用容器统一收集，并集中用开水或药剂进行杀灭。

④药剂防治：可用溴氰菊酯加石灰粉混合后装在纱袋中，抖撒在菇棚四周及走道上，对害螨防效好。

（四）病虫害综合防治措施

猴头菇病虫害的防治，要采取以防为主、综合防治的方针。一旦发现为害，就要认真分析，判断原因，采用农业防治、生态防治、生物防治、物理防治等各种措施，在各个栽培管理的技术环节上，杜绝或减少病虫入侵的途径和机会，创造一个有利于猴头菇生长发育而不利于病菌、害虫发生与繁殖的生态条件，将病虫危害降到最低限度。在确实需要用化学药剂防治时，只能使用低毒的，而且应在未出菇或每潮菇采收后进行，并注意少量、局部施用，绝不能直接喷于菇体上，以免影响人体健康。

1. 选用优良菌种　一是要使用种性好且高产、优质、抗逆性强的菌种。二是对菌株的生物学特性要清楚，制种者、栽培者

必须了解所用菌株的菌丝和子实体生长的适温范围、栽培要点、菇体形态特征、加工性状等特性。三是菌丝长势强，纯度高，无病虫感染。四是菌龄适宜，严格淘汰老化、退化的菌种。

2. 阻断病虫入侵途径　一是培养料新鲜、无霉变，消毒灭菌要彻底。二是搞好培养场所、出菇场所及周围环境的卫生；栽培场所要远离仓库、饲养场、垃圾堆；废料、料块、旧菌袋不要堆在栽培场所附近，必须及时进行高温堆肥或其他处理。三是有条件的菇棚，要安装纱门、纱窗以防止昆虫进入。四是老菇棚在使用前必须进行一次全面的清理和消毒工作，以杀灭潜藏于床架、地面等处的病菌、害虫，床架可用清水或5％石灰水或1％漂白粉水冲洗，菇棚地面在使用前撒一层石灰粉。五是认真消毒和清洁各个操作环节中的工具、设备、环境及工作人员的服装、手套等，防止在操作过程中将病菌、害虫带入培养料、培养室和菇棚中。六是采菇后要彻底清理菌袋，把菇根、烂菇及被害菇蕾摘除干净，集中深埋或烧掉，不要随意扔放。每批菇栽培结束后，及时清除废料，把栽培场所打扫干净。

3. 创造适合长菇的生态环境　在适宜条件下，猴头菇生长发育正常，可大大减少病虫发生的机会。特别要做好猴头菇生长的温度、湿度、光照、通风的控制，创造一个有利于猴头菇生长的环境，促进猴头菇正常生长发育，从而减少病虫害的发生。一是栽培场地要高燥、向阳、排水、通风，且水源方便，交通便利。二是菇棚要通风良好，光照度适宜，保温及保湿条件好，具有有效的防虫、防鼠设施。三是培养料质量优良、配合比例适宜，料袋的紧实度适宜。四是选择适宜的播种期，避开高温或低温影响。五是及时防治病虫害，当病虫局部发生为害时，要及时采取行动，将其消灭在萌发状态，防止扩散蔓延。

六、猴头菇无公害采收
加工及产品标准

（一）采　收

猴头菇从菌蕾出现到子实体成熟，在环境条件适宜的情况下，一般15～20天即可采收，有的还可提前成熟，10～12天就可采收。

1. 成熟标准　子实体呈白色，菌刺粗糙并开始弹射孢子，在菌袋表面堆积一层稀薄的白色粉状物，即表示子实体已成熟。猴头菇的孢子量很大，随着成熟度的增加，孢子的弹射量也不断增加，而子实体的质量也会不断产生变化。根据猴头菇用途的不同，采收的成熟度略有差别。作为菜肴的猴头菇，如鲜销、制罐与盐渍的，要在菌刺长度不超0.5厘米时采收，此时尚未开始大量释放孢子，菇体色泽洁白、内质坚实、脆嫩，风味鲜美纯正，没有苦味或苦味极微，口感极佳。作为药用的猴头菇，子实体成熟度可以适当增加，以菌刺1厘米左右时采收为宜。

2. 采收方法　采收时，可用小刀从菌袋长菇基座处割下。子实体的根部不要留得太长，一般沿菌袋接种口割下，但要避免割破塑料袋，以免造成杂菌污染。也不宜把基座全部割掉，以免影响再生菇。采收时也可一手握菌袋，一手抓住整个猴头菇的子实体，轻轻旋转，而后外拉，采下子实体，这种方法采收的速度更快。采下的猴头菇，可放在塑料筐、竹篾筐、塑料桶中，容器要求内壁光滑，子实体要轻拿轻放，防止挤压损坏外观，降低商品价值。

（二）加工技术

采下的猴头菇，还会继续生长，散发孢子，在常温下容易变色、变味、变形，甚至腐败变质。因此采后要采取相应的办法进行处理加工，以保持猴头菇的风味，提高经济价值。目前生产上的加工方法主要有干制、保鲜、盐渍、制罐等。

1. 干制 猴头菇干品便于保存、运输，适于制药和生产其他深加工产品。因此干制是猴头菇产品加工最常用的方法。当前生产上主要是采用脱水烘干法进行干制。将鲜菇或切片鲜菇放在食用菌脱水烘干机中，用电、煤、柴、远红外线等加热干燥。这种方法脱水速度快、效率高、质量好、耐久藏，适用于规模化、工厂化生产。猴头菇的烘干机与其他食用菌的烘干机通用，烘房设备简单，容易修建。这种方法农村食用菌专业户、菇农可以广为采用。

干制的猴头菇必须当天采摘，当天烘干。否则，容易使猴头菇色泽发生变化，影响质量，降低商品价值。猴头菇脱水烘干的操作工艺是：将采收的猴头菇子实体及时去掉杂质，剪掉菇蒂。把猴头菇按大小分级，菌柄朝上，一朵朵排列在竹制或不锈钢制成的烘盘上，晴天可置于阳光下晾晒 3～4 小时。然后进脱水烘干机内烘干。烘干过程注意掌握温度，菇体起烘温度不低于30℃，一般为 35℃，然后按每小时 2～3℃缓慢递升至 40～50℃，加大通风量，让菇体水分通过热风气流蒸发，排除于烘干机外；2～3 小时后再逐步升高到 55～60℃，直至烘干。通常脱水烘干 8～10 小时即可完成。一般每 6 千克的鲜菇，可烘干成 1 千克的干菇。干制后猴头菇必须及时装入双层塑料袋内并封好袋口，或装入密闭防潮的容器中，并放在阴凉干燥处保存。

2. 保鲜 由于猴头菇采后会大量散发孢子，菇体会变松软，苦味增加，口感变差，再加上由于消费者对猴头菇的营养、烹调方法认识还不够深入，同时研究部门对猴头菇的保鲜研究得也不多，因此猴头菇的保鲜销售较少，保鲜方法不多。下面介绍两种成本较低、简单易行的保鲜方法。

（1）常温保鲜法 将采下的菇清除杂质、病菇、虫害菇，剪去蒂头。在通风阴凉的房舍内，把猴头菇平摊在地面的牛皮纸上；也可将猴头菇按品质、大小分别放入竹筐或塑料筐中，然后置于房内通风阴凉处，注意筐内的猴头菇不能放过多，以免造成菇体受挤压变形。这种保藏只适用于两天内可售完和用完的菇。

（2）冷藏保鲜法 将采下的菇清除杂质、病菇、虫害菇，剪去蒂头。放入竹筐或塑料筐，每筐装菇 30～40 厘米厚，然后放置在 1～4℃冷库或冷藏车中。这种方法适合保鲜一周及长途运输。保鲜时要注意以下几点：一是要求菇体的含水量低，采前绝不能喷水，否则极易腐烂；二是冷藏温度不宜低于 0℃，否则子实体会受冻害，也不能高于 5℃，过高易腐烂；三是因菇体极易被挤压而变形，所以一定要防止子实体受挤压。

保鲜产品上市时，包装形式根据市场的需求可以多种多样，可以是大包装（箱、筐、袋包装均可），也可以是小包装，但以塑料托盘小包装的最好，即用塑料托盘支撑，上放 2～4 个子实体，菌刺朝上，上盖通气性较好的保鲜纸。这种包装菇体受压程度小，子实体外观优美，保鲜纸通气性好，保鲜时间较长。

3. 盐渍 盐渍是猴头菇加工的常用方法之一。盐渍菇不仅可在市场上直销，还可用于制罐。猴头菇盐渍加工与其他食用菌的盐渍加工原理和方法基本一致，其工艺简单，所需设备少，投资小。盐渍的猴头菇要求剪掉蒂头，不带任何培养料和杂质；要剔除病菇，否则加工时会影响质量。具体方法：

（1）漂洗　将猴头菇进行清水漂洗，清洗菇体上的杂质，并在清水漂洗时及时拣尽残菇。

（2）预煮　预煮必须在铝锅或不锈钢锅中进行。将清水或10％的盐水烧开，按菇：水为4：10的比例倒入，大菇煮沸10分钟左右，小菇煮沸5分钟左右，以菇心无白色为度。

（3）冷却　煮好后应立即捞出，倒入流动冷水冷却。要求充分冷透，菇体内外与外界温度一致，冷却越快越好，如果没有冷却就盐渍，产品容易腐败变质。

（4）盐渍　把冷却至常温的菇体放入预先备好的饱和食盐水中，适当搅拌，使子实体浸入溶液中，装满后在菇体上面再撒一点食盐。由于渗透压作用会把菇体中的水分渗出，使饱和盐水被稀释。每隔5～7天要检查浸渍盐液浓度，并翻动菇体1次，夏季3～5天翻动1次。同时在浸渍池或浸渍桶中通气，使盐溶液上、下翻滚，促进盐液浓度和菇体浸渍均匀。

（5）装桶　浸渍的猴头菇子实体用50千克专用塑料桶包装，塑料桶要清洗干净。用净水配制饱和食盐水，澄清后去除水面泡沫，抽取澄清饱和液注入桶中，容量达1/2。每桶加入100克柠檬酸调节酸碱度，把盐液稳定在21～22波美度的盐渍菇排水后称量装桶。当饱和盐水不足时，加至浸没菇体为度，盖上桶盖并密封。装桶应该注意：必须用卤水浸没猴头菇，否则贮藏时易变质产生异味；也不能在桶内多加猴头菇而造成挤压，以免影响质量。

4. 制罐　把新鲜的猴头菇经过一系列的处理后，装入特制的容器，经过抽气密封隔绝外界空气与微生物，再加温杀死内部杂菌，以便较长时间保藏。其加工工艺流程为：

（1）选料　供制罐用的猴头菇要求新鲜良好，菇体乳白色或淡黄色，肉厚壮实，菇形完整，直径4～6厘米，菌刺长度在0.2～0.4厘米，无虫蛀，无病斑，无机械损伤。

（2）漂洗　将选下的原料剪去蒂头，并用清水漂洗2～3次，以清除杂质。

（3）预煮　将漂洗好的猴头菇立即泡入沸腾的 0.6% 柠檬酸溶液中。鲜菇与水的比例是 1:1。煮沸 8 分钟，以煮透为主，要使内外熟度一致。预煮要避免使用铁质或铜质锅，以防变色。

（4）冷却　预煮完毕立即投入流水或冷水中冷却，时间40～60 分钟，以冷透为好。

（5）分级　将冷却后的猴头菇放在台板上，按大小、品质进行分级。

（6）装罐　分级后即可装罐。按市场与客户的要求装入不同的包装罐藏容器中。

（7）封口　装罐后即可封口。真空封口时，真空度为 $4.67 \times 10^4 \sim 5.33 \times 10^4$ 帕；排气封口时，中心温度要求达到 70～80℃。

（8）灭菌　封口后放入高压灭菌锅内，在 121℃ 下灭菌 15～30 分钟。

（9）质检　经过灭菌的猴头菇罐头，取样在 35℃ 下培养 1 周后进行质量检验。以色泽洁白、汤汁清晰、菇体略有弹性、无腐败、无异味为合格品。

（10）包装　对合格的产品要及时装箱封口，放入低温干燥的库房贮藏。

（三）产品标准

猴头菇产品目前尚未有国家标准，这里根据林业局发布的行业标准《LY/T 2132—2013　森林食品　猴头菇干制品》和《LY/T 1777—2008　森林食品　质量安全通则》中猴头菇的干制品质量指标，将食用菌的干、鲜菇的理化及卫生指标介绍如下：

1. 质量指标　干品质量指标见表 4。

表4 干品质量指标

项 目	指 标		
	一级	二级	三级
色泽	淡黄色	深黄色	黄褐色
组织形态	菇体呈圆锥形，个体均匀、无分枝，菇体须状菌刺完整，长短、粗细分布均匀	菇体呈圆锥形，个体均匀、无明显分枝，菇体须状菌刺完整，长短、粗细分布较为均匀	菇体呈圆锥形，有明显分枝，菇体须状菌刺不完整，长短不一、粗细分布不均匀
菇体最宽直径（毫米）	≥60	≥30且<60	<30
秃刺率（%）	≤2	≤4	≤6
破损菇（%）	≤2	≤4	≤6
虫蛀菇（%）	≤2	≤4	≤6
霉烂菇	无		
气味	具有猴头菇特有的气味，无异味		
一般杂质a（%）	≤1		
有害杂质b（%）	无		
含水率c（%）	≤12		

注：a. 猴头菇以外的植物性物质。
  b. 有毒、有害及其他有碍安全卫生的物质（如人畜毛发、金属、砂石等）。
  c. 按照 GB 7096 规定执行。

2. 重金属及有害物质限量指标 见表5。

表5 重金属及有害物质限量指标

项 目	指标（毫克/千克）	
	鲜品	干品
砷（以 Ab 计）	≤0.05	≤0.1
汞（以 Hg 计）	≤0.01	≤0.1
铅（以 Pb 计）	≤0.2	≤1.0
镉（以 Cd 计）	≤0.2	≤1.0

（续）

项　　目	指标（毫克/千克）	
	鲜品	干品
氟（以 F 计）	≤1.0	≤1.0
甲醛	—	不得检出
二氧化硫	≤30	≤30

3. 农药最大残留限量指标　见表 6。

表 6　农药最大残留限量指标

项　　目	指标（毫克/千克）	
	鲜品	干品
敌敌畏	0.01	0.01
乐果	0.50	0.50
溴氰菊酯	0.01	0.01
氯氰菊酯	0.05	0.05
多菌灵	1.0	1.0
百菌清	1.0	1.0

注：未列项目的农药残留限量按 GB 2763 的规定执行。

（四）烹调菜谱

　　猴头菇营养丰富，药食同源，宜膳、宜药。用猴头菇做菜在我国有着悠久的历史，据估计，猴头菇的菜谱有近 200 种之多，既有宫廷名肴，也有老百姓的家常菜。虽然菜谱众多，但由于成熟的猴头菇子实体略有苦味，影响了消费者的日常食用。因此推广方法简单、食材搭配合理的猴头菇科学烹调方法，是促进猴头菇消费，促进猴头菇为增进人体健康作贡献的有效途径之一。猴头菇的菜谱虽多，但多为酒店做出的佳肴或是宫廷名菜，制作程序复杂，制作耗时长，一般家庭很难烹调。为此，特从有关参考材料中收集一些较成功的且适合家常制作、方法简单的菜谱，以供参考。

成熟的猴头菇由于孢子散发后会有苦味，因此家常食用猴头菇鲜品优于干品，一是新鲜的味更鲜美，二是新鲜的烹调更方便、更省时间。新鲜的猴头菇要尽可能选择成熟度低、菌刺不超0.5厘米的，这样的猴头菇不仅味道非常鲜美，而且由于子实体的孢子没有弹射而没有苦味。而干猴头菇由于耐贮藏，因此更多的消费者选择了干猴头菇。干猴头菇普遍成熟度较高，菌刺较长，烹调前要进行预处理。具体操作为：首先将干猴头菇用热盐水泡发，一般泡2～4小时，然后用冷水反复漂洗，直至咸味去除、苦味减少，备用。

1. 猴头菇清炖排骨

原料：鲜猴头菇250克，猪排骨200克，香菇3个，精盐、酱油各适量。

做法：将鲜猴头菇洗净，菌刺较长的要浸泡去苦味；香菇泡发后切片；猪排骨洗净后切成小块。将猴头菇、香菇片、猪排骨一起放入锅中，放水适量，用旺火煮半小时，加入精盐、酱油即可。

2. 猴头菇鸡汤

原料：猴头菇200克，鸡半只，枸杞、姜、盐、料酒各适量，火腿几片。

做法：将猴头菇洗干净；将鸡放到沸腾的锅里焯水，加两片姜、一些料酒去腥，焯水完毕捞出来冲洗干净；将鸡切块，然后把鸡块、火腿片、猴头菇和姜片一起放进电炖紫砂锅里，一次加足冷水，炖4小时；最后还有半小时的时候加枸杞，喝前加盐调味。

3. 蹄筋红烧猴头菇

原料：水发猴头菇200克，蹄筋250克，冬笋、火腿、海米各20克，鸡油、酱油、料酒、白糖、味精、葱、姜、猪油、精

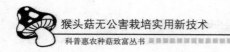

盐各适量。

做法：将水发猴头菇顺菌刺切成片，蹄筋切成段，火腿、冬笋切成片，葱、姜切成豆瓣片。将猴头菇片、蹄筋段放入沸水锅中焯一下取出。炒锅加猪油烧至七成热时，倒入猴头菇片、蹄筋段爆炒，倒入漏勺，沥去油。原锅加葱片、姜片、火腿片、冬笋片、海米、猴头菇片、蹄筋段，再加料酒、精盐、酱油、白糖、味精和水，烧沸后改小火烧至汁浓，淋入鸡油，起锅装盘即可。

4. 虾仁猴头菇

原料：水发猴头菇 250 克，发好的虾仁 150 克，2 只鸡蛋清，料酒、精盐、味精、生粉、花生油、葱各适量。

做法：将猴头菇切成片，与发好的虾仁分别用蛋清、生粉浆好。将锅烧热后放入花生油，烧至六成热时，放入虾仁，随即用筷子将虾仁划散，再倒入猴头菇片，稍炒后取出，沥干油。锅内留少许油，放入葱炸出香味后捞出葱，放入猴头菇片、虾仁，再加料酒、精盐、味精，翻炒数次勾芡后即可装盘。

5. 蛋炒猴头菇

原料：鲜猴头菇 250 克，鸡蛋或鸭蛋 4 个，猪油 50 克，葱白、精盐、黄酒、肉汤、味精各适量。

做法：将鲜猴头菇洗净，菌刺较长的要浸泡去苦味，挤干水分，切成薄片，在锅内放入猪油、葱白，炸至有微香时，加入猴头菇片，用大火翻炒至八成熟，加入打散的鸡蛋或鸭蛋清，继续翻炒几下，最后加少许肉汤，盖上锅盖焖片刻，加入精盐、黄酒、味精等拌匀起锅。

6. 红烧猴头菇

原料：鲜猴头菇 200 克，冬笋 50 克，鸡脯 250 克，瘦猪肉 250 克，肉汤、酱油、黄酒、白糖、葱节、姜片各适量。

做法：先将猴头菇洗净，菌刺较长的要浸泡洗净，挤干水，切成薄片；将鸡脯和瘦猪肉切成片，一起盛在碗中，加入适量的肉汤、酱油、黄酒、白糖、葱节、姜片，上笼蒸 1.5 小时。将冬

笋片在锅内炒几下，把蒸好的猴头菇、鸡脯肉、瘦肉放入锅内红烧，再用生粉勾芡后起锅。

7. 凤翅猴头菇

原料：鲜猴头菇 200 克，鸡翅膀 10 只，熟火腿 25 克，料酒、精盐、味精、葱、姜各适量。

做法：将猴头菇预处理后，鸡翅膀洗净焯一下，将熟火腿切片。将鸡翅膀放入炒锅，加入葱、姜、料酒，用文火炖开，撇去浮沫。再炖约 1 小时后放入猴头菇一起炖透，最后放火腿片、精盐、味精即可出锅。

8. 猴头菇干贝

原料：鲜猴头菇 100 克，鲜干贝 100 克，2 只鸡蛋清，鸡汤、料酒、胡椒粉、精盐、味精、葱、姜各适量。

做法：将鲜猴头菇预处理后切成颗粒状。将鲜干贝洗净，用手撕成细丝放在碗里，加鸡蛋清、精盐、味精、料酒搅拌一下。将鸡汤下锅烧开，放入猴头菇，烧沸后加料酒、精盐、味精、葱、姜，再沸时撇去浮沫，取出猴头菇分盛 10 碗。将干贝丝倒入上一步剩余汤汁的锅内划散，勾薄芡后平分在每只碗里即成。

9. 冬笋烧猴头菇

原料：猴头菇 550 克，火腿片、熟冬笋片、料酒、精盐、葱节、姜片、油菜心、熟猪油各适量。

做法：将猴头菇去蒂头，顺菌刺切成大片；将油菜心洗净，切成段。炒锅上中火，放熟猪油烧热，投入姜片、葱节炸香，加料酒、猴头菇片、火腿片、熟冬笋片、油菜心烧沸，改小火烧至猴头菇片松软，再改用中火，加精盐，淋上熟猪油，倒入大圆盘内即可。

10. 冬菇烧猴头菇

原料：干猴头菇 200 克，水发冬菇 250 克，火腿 100 克，黄瓜皮 40 克，鲜汤、料酒、精盐、味精、湿淀粉、酱油各适量。

做法：将干猴头菇放入沸水锅中焖约 30 分钟取出，去蒂头，

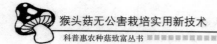
挤干水，加入温水中浸泡片刻，洗净，沥干水，顺菌刺切成薄片；将水发冬菇、黄瓜皮洗净，分别切成薄片；将火腿切成薄片。将猴头菇片、火腿片、冬菇片、黄瓜皮分别摆成4排，放入碗内。将料酒、酱油、鲜汤、精盐倒入另一个碗内调匀，然后浇入摆有猴头菇的碗内，上笼蒸约60分钟取出，滗出汤汁，扣在盘内，揭去碗。汤锅上旺火，倒入滗出的汤汁烧沸，放味精，用湿淀粉勾芡，出锅浇在盘内即可。

[主要参考文献]

陈国良，1982. 猴头栽培. 北京：农业出版社.

陈国良，2000. 灵芝与猴头菇高产栽培技术. 北京：金盾出版社.

陈士瑜，1988. 食用菌生产大全. 北京：农业出版社.

丁湖广，丁荣辉，王国联，2008. 无公害名贵药用菌安全生产手册. 北京：中国农业出版社.

郭炳冉，徐文香，衣艳君，1995. 食用菌制种与栽培. 济南：山东大学出版社.

郝涤非，2011. 猴头菇含氮物质测定. 北方园艺（23）：152-153.

黄年来，1987. 自修食用菌学. 南京：南京大学出版社.

黄年来，1993. 中国食用菌百科. 北京：中国农业出版社.

黄毅，1987. 食用菌生产理论与实践. 厦门：厦门大学出版社.

李银良，黄小明，詹荣卿，2006. 草菇秸秆熟料高产栽培技术. 郑州：河南科学技术出版社.

李志超，2004. 猴头菇生产全书. 北京：中国农业出版社.

刘波，刘茵华，1991. 食用菌病害及其防治. 太原：山西科学技术出版社.

庞茂旺，王世东，2005. 平菇 鸡腿菇 猴头菇栽培与加工技术. 北京：中国农业出版社.

吴学谦，黄志龙，魏海龙，2003. 香菇无公害生产技术. 北京：中国农业出版社.

杨新美，1988. 中国食用菌栽培学. 北京：农业出版社.

杨云鹏，宋德超，1980. 药用真菌研究利用的进展. 食用菌（4）：25-27.

张树庭，Miles P G，1992. 食用蕈菌及其栽培. 保定：河北大学出版社.

张学敏，杨集昆，谭琦，2004. 食用菌病虫害防治. 北京：金盾出版社.

赵庆华，2005. 竹荪 平菇 金针菇 猴头菌栽培技术问答. 北京：金盾出版社.

图书在版编目（CIP）数据

猴头菇无公害栽培实用新技术/张维瑞　编著. —北京：中国农业出版社，2016.6
（科普惠农种菇致富丛书）
ISBN 978-7-109-21719-5

Ⅰ.①猴… Ⅱ.①张… Ⅲ.①猴头菇－蔬菜园艺－无污染技术　Ⅳ.①S646.2

中国版本图书馆 CIP 数据核字（2016）第 117260 号

中国农业出版社出版
（北京市朝阳区麦子店街 18 号楼）
（邮政编码 100125）
责任编辑　曾琬淋　孟令洋

中国农业出版社印刷厂印刷　　新华书店北京发行所发行
2016 年 6 月第 1 版　2016 年 6 月北京第 1 次印刷

开本：850mm×1168mm 1/32　印张：3.375　插页：2
字数：100 千字
定价：12.00 元
（凡本版图书出现印刷、装订错误，请向出版社发行部调换）